山地掉层隔震结构
倾覆失效机理与试验研究

/

Overturning Failure Mechanism and
Experimental Study of Isolated Step-Terrace Structure

张龙飞　郭平宗　陶　忠　著

重庆大学出版社

内容提要

我国是一个多山且地震灾害多发的国家。为缓解当前土地资源紧张的现状,提高山区建筑的抗震能力,本书结合山地建筑与隔震技术的优点,提出了山地隔震建筑的概念,并将山地隔震建筑分成了斜板式、掉层式、吊脚式及层间式4种形式。本书以山地掉层隔震结构为研究对象,对其倾覆失效问题开展了理论与试验研究,提出了一种能够提高山地掉层隔震结构抗倾覆能力的导轨式抗拉橡胶支座。

本书对建筑规划方案的编制具有一定的指导意义,对广大设计师进行建筑、结构的方案制订也有一定帮助,另外也有利于阅读者拓展知识。

图书在版编目(CIP)数据

山地掉层隔震结构倾覆失效机理与试验研究／张龙飞,郭平宗,陶忠著. -- 重庆:重庆大学出版社,2023.12
ISBN 978-7-5689-4220-1

Ⅰ.①山… Ⅱ.①张… ②郭… ③陶… Ⅲ.①山地—建筑结构—抗震设计 Ⅳ.①TU352.104

中国国家版本馆 CIP 数据核字(2023)第 245211 号

山地掉层隔震结构倾覆失效机理与试验研究
SHANDI DIAOCENG GEZHEN JIEGOU QINGFU SHIXIAO JILI YU SHIYAN YANJIU
张龙飞 郭平宗 陶 忠 著
策划编辑:林青山

责任编辑:张红梅　　版式设计:林青山
责任校对:刘志刚　　责任印制:赵　晟

*

重庆大学出版社出版发行
出版人:陈晓阳
社址:重庆市沙坪坝区大学城西路 21 号
邮编:401331
电话:(023) 88617190　88617185(中小学)
传真:(023) 88617186　88617166
网址:http://www.cqup.com.cn
邮箱:fxk@ cqup.com.cn(营销中心)
全国新华书店经销
重庆升光电力印务有限公司印刷

*

开本:720mm×1020mm　1/16　印张:14.5　字数:207 千
2023 年 12 月第 1 版　2023 年 12 月第 1 次印刷
ISBN 978-7-5689-4220-1　定价:89.00 元

前　言

　　我国幅员辽阔,但却是一个多山国家,山地面积约占我国陆地面积的三分之一,土地资源的开发与利用已经触碰到了供给边界。同时我国又地处欧亚地震带和环太平洋地震带之间,所以地震活动频度高,地震灾害严重。

　　为有效缓解建筑用地压力,在坡(台)地建设房屋时,宜采用对地形适应性强、对环境改变小的山地建筑,否则会增加工程费用,且可能由于大量挖填引发一系列交通、环境、地质灾害等方面的问题。然而山地建筑由于先天竖向不规则,所以其抗震能力较差,在地震区建设山地建筑存在抗震安全隐患。

　　基于我国山区面积广、土地资源供给紧张、地震灾害严重及山地建筑抗震性能差的现状,笔者提出将隔震技术应用于山地建筑中,形成山地隔震建筑,以提高山地建筑的抗震性能,缓解建筑用地压力。山地隔震建筑作为一种新型受力体系,有必要对其进行系统性研究。在地震中,结构倾覆属于整体破坏,造成的人员伤亡和经济损失往往更为严重,因此对山地隔震建筑倾覆失效机理进行研究显得非常重要。针对山地隔震建筑倾覆失效机理开展的相关研究,为山地隔震建筑的设计提供了理论支撑,在拓宽隔震技术应用方面提供了一定的参考依据,具有重要的学术价值、社会效益与经济效益。

　　本书针对山地掉层隔震结构倾覆失效问题展开研究,基于力学基本模型推导得到了山地掉层隔震结构倾覆失效参数化极限状态方程,揭示了山地掉层隔震结构倾覆失效的本质,并借助振动台试验中所观察到的物理现象、测试得到的数据与图像等结果对倾覆失效参数化极限状态方程进行了验证。鉴于山地掉层隔震结构的特殊接地形式更易引发倾覆失效,笔者提出了相应的措施进行控制,并借助拟静力试验、数值有限元分析方法进行了研究,从而提出了一整套控制山地掉层隔震结构倾覆失效的方法和措施,用以正确评估山地掉层隔震建筑的方案和指导山地掉层隔震结构设计。

本书以国家科技支撑计划项目高烈度区高层与大跨度建筑物隔减震技术（项目编号：2012BAJ07B02）和彝良"9.7"地震灾区恢复重建关键技术研究及示范（项目编号：2013BAK13B01）为支撑，在昆明学院引进人才科研项目（项目编号：YJL20026）、昆明学院2023年科研特色团队的共同支持下，以典型的山地掉层隔震机构为研究对象，并基于课题研究加以充实、整理与提升，最终编纂而成。

本书分为6章，分别介绍了研究背景与现状、倾覆失效机理推导、振动台实验与导轨式抗拉橡胶支座的开发。值此专著付梓刊印之际，衷心感谢昆明理工大学、达索SIMULIA公司、云南国为机械科技有限公司的领导、专家、学者给予的支持和帮助。

由于本课题的研究还是初步的，尽管我们作了很大努力，但山地隔震建筑抗震领域的研究是一个系统工程，还需对其进行多层次、多角度的系统研究。因此，书中缺点、错误和欠妥之处，敬请广大读者、专家和同行不吝赐教，竭诚致谢。

著　者

2023年1月于昆明

目　录

第 1 章 研究背景与现状

1.1 研究背景与意义

我国处于欧亚地震带和环太平洋地震带两大世界地震带的包围中,地震活动频度高、强度大、震源浅、分布广,地震灾害严重。据统计,20 世纪以来,我国发生 8.5 级以上的强烈地震 2 次;发生 6 级以上地震超过 800 次,遍布除贵州、浙江两省和香港特别行政区之外的所有省市。自 1900 年以来,我国死于地震的人数达 55 万,占全球地震死亡总人数的 53%,因此地震灾害的严重性构成了中国的基本国情之一。1976 年唐山 7.8 级地震,造成 24.25 万人死亡,70.86 万人受伤,直接经济损失达 132.75 亿元人民币;2008 年汶川县 8.0 级地震,造成69 227 人死亡,374 643 人受伤,17 933 人失踪,直接经济损失达 8 451 亿人民币;2010 年玉树 7.1 级地震,造成死亡 2 200 人,70 人失踪,直接经济损失超过 3亿元人民币;2013 年芦山 7.0 级地震,造成 196 人死亡,21 人失踪,11 470 人受伤。云南地处全球活动性最强的印度洋板块与欧亚板块碰撞带边缘的东端,境内有小江地震带、中甸—大理地震带、大关—马边地震带、澜沧—耿马地震带、腾冲—龙陵地震带、思茅—普洱地震带、通海—石屏地震带、南华—楚雄地震带8 条地震断裂带,是中国大陆地震活动最频繁、地震灾害最严重的省份之一。云南地震断裂带分布如图 1-1 所示。云南省设防烈度为 7 度及以上面积占全省面积的 91.12%,如图 1-2 和表 1-1 所示。自 20 世纪 70 年代以来,云南发生 5 级以上地震 20 余次,造成了人员的重大伤亡和经济财产损失(表 1-2),因此云南省的抗震设防工作形势极为严峻。

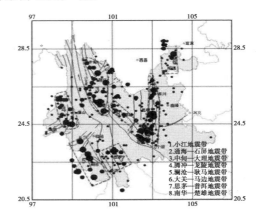

图 1-1　云南省地震断裂带

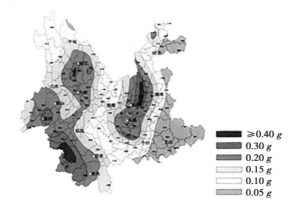

图 1-2　云南省地震动参数区划图

表 1-1　云南省各设防烈度区域面积占比情况

烈度	面积占比/%
6 度(0.05 g)	8.88
7 度(0.10 g、0.15 g)	45.01
8 度(0.20 g、0.30 g)	44.67
9 度(0.40 g)	1.44

注:g 为重力加速度。

表 1-2　1970—2019 年云南省 5 级以上地震统计表

序号	时间	地点	震级	人员伤亡及财产损失
1	1970 年 1 月 5 日	通海	7.7 级	地震造成房屋倒塌 338 456 间,死亡 15 621 人,受伤 26 783 人
2	1974 年 5 月 11 日	大关	7.1 级	地震造成 1 423 人死亡,1 600 人受伤,66 000 余间房屋遭到不同程度的损坏和破坏,其中倒塌 28 000 余间
3	1976 年 5 月 29 日	龙陵	7.4 级	地震造成 98 人死亡,451 人重伤,1991 人轻伤,42 万间房屋倒塌和损坏
4	1988 年 11 月 6 日	澜沧—耿马	7.6 级	地震造成 748 人死亡,3 759 人重伤,3 992 人轻伤,412 000 间房屋毁坏,704 000 间破坏,742 800 间损坏
5	2003 年 7 月 21 日	大姚	6.2 级	地震造成 16 人死亡,104 人重伤,480 人轻伤,125 万人受灾
6	2003 年 10 月 16 日	大姚	6.1 级	地震造成 3 人死亡,14 人重伤,32 人轻伤,42 万人受灾
7	2004 年 8 月 10 日	鲁甸	5.6 级	地震造成 4 人死亡,594 人受伤
8	2006 年 7 月 22 日	盐津	5.1 级	地震造成 22 人死亡,百余人受伤
9	2006 年 8 月 25 日	盐津	5.1 级	地震造成 1 人死亡,31 人受伤,31.7 万人受灾
10	2007 年 6 月 3 日	普洱	6.4 级	地震造成 3 人死亡,300 多人受伤
11	2009 年 6 月 30 日	姚安	6.0 级	地震造成 1 人死亡,300 多人受伤,205.9 万人受灾
12	2011 年 3 月 10 日	盈江	5.8 级	地震造成 3.72 万户受灾,受灾人口达 14.8 万人,紧急避险群众 8.59 万人,其中需要紧急转移安置群众 5.4 万人

续表

序号	时间	地点	震级	人员伤亡及财产损失
13	2012 年 9 月 7 日	彝良	5.6 级	地震造成 81 人死亡,821 人受伤,74.4 万人受灾
14	2013 年 4 月 17 日	洱源	5.0 级	地震造成 9 人受伤,12.3 万人受灾,紧急转移安置 11 300 多人,倒塌房屋 276 间,大批房屋受损
15	2014 年 4 月 5 日	永善	5.3 级	地震造成民房倒塌或受损 11 977 间,累计 6.86 万人受灾
16	2014 年 5 月 30 日	盈江	6.1 级、5.6 级	地震造成多人受伤,多处房屋倒塌,15 万人受灾
17	2014 年 8 月 3 日	鲁甸	6.5 级	地震造成至少 617 人死亡,112 人失踪,3 143 人受伤,108.84 万人受灾,22.97 万人紧急转移安置
18	2014 年 8 月 17 日	永善	5.0 级	地震造成 5 个乡镇 41 个村(社区)101 个村民小组 2 165 户 7 589 人受灾
19	2014 年 10 月 7 日	景谷	6.6 级	地震造成 1 人死亡、323 人受伤,其中重伤 8 人,27.86 万人受灾,倒塌房屋 6 522 间,严重损坏房屋 27 383 间,一般损坏房屋 102 051 间
20	2016 年 5 月 18 日	云龙	5.0 级	无人员伤亡
21	2017 年 3 月 27 日	漾濞	5.1 级	地震造成 15 786 人受灾,房屋圈舍部分倒塌、墙体开裂 7 503 间
22	2018 年 8 月 13 日	通海	5.0 级	地震造成 4.8 万余人受灾,18 人受伤,房屋不同程度受损 6 000 多户

　　破坏性地震引起的人员伤亡和财产损失,主要是地震过程中建筑物的破坏和倒塌引起的,包括由其诱发的次生灾害,因此减小地震灾害的方法,首先应该

建立完善的抗震设防标准,提高建筑的抗震能力,另外采用结构减隔震技术,也是目前抗震研究与应用的重要方向之一。

隔震技术是在上部结构底部与基础或下部结构之间设置柔性隔震装置,形成柔性隔震层。当地震发生时,上部结构在隔震层上整体缓慢水平运动,房屋就像浮在隔震层上,从而使地面震动被隔开,有效地降低了结构的地震反应。隔震技术能显著降低结构的自振频率,延长结构周期,并提供适当的阻尼使结构的加速度响应大大减弱,同时使结构的变形主要发生在上部结构与下部结构之间的隔震层,而不由结构本身的塑性变形承担。在地震过程中,隔震结构上部发生的变形非常小,像刚体一样作轻微平动,从而为结构地震防护提供更好的安全保障。隔震结构传力途径明确,结构变形简单明了,通过隔震层塑性大变形吸收了大部分地震输入能量,从而保障上部结构的安全性。

目前,隔震技术在中国、日本、美国、新西兰等很多国家得到应用,已经有不少的隔震房屋经历了实际地震的考验,它们在地震中的优异表现进一步促进了隔震技术的推广和应用。云南大理市于 20 世纪 90 年代中期建设了 3 栋隔震建筑,在建成初期,先后经历了武定地震(6.5 级地震)和丽江地震(7.0 级)的考验;甘肃陇南地区的武都县(现为"武都区")北山邮政职工住宅在 2008 年的汶川地震中,在当地实际地震加速度达到 $0.17g$ 的情况下,房屋的上部主体结构没有发生任何破坏,居民也没有站立不稳的感觉,明显好于其他建筑;芦山县人民医院新门诊综合楼在 2013 年四川雅安 7.0 级地震中,表现出良好的隔震效果,成为震后紧急避难及救护中心,它也因此被誉为"楼坚强"。1994 年洛杉矶北岭 6.6 级地震中,南加州医院位于距震中 36 km 的洛杉矶市中心,是一座 7 层的非对称隔震建筑,地震后医院内的设备完好,维持了正常的使用功能,成为当地的防灾中心,发挥了重要的作用;另一栋距震中 16 km 的抗震建筑橄榄景医院则在强烈地震作用下,剪力墙出现裂缝,医疗设备损失惨重,完全丧失了医疗功能。在 1995 年日本阪神 7.2 级地震中,距断层 16 km 的日本当时最大的隔震建筑——日本邮政省计算中心在地震中完好无损,在此次地震中另外一栋隔震建筑——松下公司试验大楼也表现出了优异的抗震性能,进一步证实了隔震技术的减震效果。

一方面,鉴于隔震技术卓越的抗震性能表现,国内外新建了大量隔震建筑。日本在 1995 年前仅有隔震建筑 80 栋,阪神大地震后每年增加 100 栋,截至 2014 年,日本已建成 8 600 栋隔震建筑。我国在 2008 年汶川地震后,隔震建筑的数量迅速增加,以云南省为例,截至 2016 年,云南省已建成隔震建筑 2 100 栋,涵盖了学校、医院、保障性住房、住宅小区、公共建筑等建设领域,其中既有新建隔震建筑,也有既有建筑隔震加固建筑,数量居全国之首。

随着国内外相继发布隔震建筑设计规范及隔震支座的质量和验收标准,相关设计方法和检测要求更加准确和严格,为隔震技术的应用与推广保驾护航。如美国 2006 年发布的 IBC 2006、欧洲各国 1998 年联合发布的 Eurocode 8,我国《建筑抗震设计规范》(GB 50011—2010)(2016 年版)和日本《建筑基准法》中都有隔震设计的相关条文。在隔震建筑施工和验收方面,我国于 2015 年发布了《建筑隔震工程施工及验收规范》(JGJ 360—2015),云南省也发布和实施了《建筑工程叠层橡胶隔震支座施工及验收规范》(DBJ 53/T-48—2012)。关于橡胶隔震支座,我国陆续颁布了《橡胶支座 第 1 部分:隔震橡胶支座试验方法》(GB/T 20688.1—2007)和《橡胶支座 第 3 部分:建筑隔震橡胶支座》(GB/T 20688.3—2006),云南省发布了《建筑工程叠层橡胶隔震支座性能要求和检验规范》(DBJ 53/T-47—2012),为保障隔震效能的发挥和隔震建筑的合理使用与维护,云南省还出台了《建筑隔震工程专用标识技术规程》(DB 53/T-70—2015)。

另一方面,我国是一个多山的国家,尤其是在云南,云南山区、半山区占全省总面积的 94%,坝子(盆地、河谷)仅占 6%,可利用的平地资源相当有限。随着国民经济的高速发展,人民生活水平不断提高,城镇生活的便利性以不可抗拒的吸引力促使人口向城镇集中,从而促使城镇化进程越来越快,城镇的规模也越来越大,城镇向周边不断扩大成为一种不可逆转的趋势。由于过往的粗放经济增长方式和土地利用方式,我国的土地资源已经触碰到了供给的边界,这种土地资源不足但需求量大的现状造成了建设土地资源极度紧张,土地开发与保护的矛盾越来越突出。据有关部门统计,2010 年,云南省全省面积在 10 km^2 以上的坝子,已被建设用地占用近 30%,如果不及时进行保护,坝区优质耕地将进一步减少。而与城镇相邻的斜坡(台)地却是城镇中不可多得的建设用地资源,合理开发和利用坡(台)地便成为城镇发展建设中满足土地资源需求的有效途径,由此,山地建筑应运而生。

在用坡(台)地作建设用地时,传统做法之一是进行土方挖填,人工修整出适宜建设的平地,然后再在平地上修建房屋,但这样会带来环境破坏、土方工程量大、边坡支护复杂和代价较高的问题;同时多次地震表明坡地上的半挖半填区会形成较为严重的震害。而山地建筑是指一种与山地地形紧密结合、与自然环境高度融合的建筑形式。山地建筑的接地形态是山地建筑与自然基面之间关系的概括和描述,它表现了山地建筑克服地形障碍、获取使用空间的不同形态模式。接地形态的不同,决定了山地建筑对山体地表的改动程度及其本身的结构形式,因此它对山地生态环境的保护、建筑体型的产生具有重要的意义。

在开发利用山地时,山地建筑也不是尽善尽美的。除边坡地质条件、边坡坡度、复杂风荷载、边坡处水文条件等自然因素对山地建筑隔震存在重大影响外,其自身竖向刚度的不连续性,导致上接地层水平内力及层间位移突变,对非结构构件弹性、结构延性和刚度控制带来极大不便,同时带来扭转问题,对结构的抗震性能十分不利,因此在地震区建设山地建筑存在一定的抗震安全隐患。

山地建筑与隔震技术的结合形成了山地隔震建筑。一方面,山地隔震建筑利用坡(台)地作为建设用地,可缓解快速城镇化对土地资源的需求和建设土地资源紧张的矛盾,同时保护了原始风貌和山地生态环境,可实现人与自然的和谐共处;另一方面,隔震技术的应用使结构在地震作用下的传力途径更明确,可大大提高建筑的抗震设防能力,有效保障人们的生命和财产安全。因此,对于云南这个既是地震多发区又多山地的省份来说,山地隔震建筑是非常适用的。

1.2　山地隔震建筑的分类

王丽萍给出了传统山地建筑明确的概念,并结合其他学者的研究成果将山地抗震建筑形式分为掉层、吊脚、附崖、错台和错层 5 种,并给出了各种形式的具体概念和范畴。

本书根据隔震结构的特点,结合传统山地建筑的 5 种形式,提出掉层、吊脚、错层、错台 4 种适宜应用隔震技术的结构形式,并根据隔震层的设置位置,将山地隔震建筑具体分为斜板式、掉层式、吊脚式及层间式 4 种形式,如图 1-3 所示。

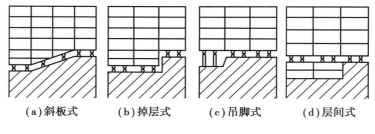

(a)斜板式　　(b)掉层式　　(c)吊脚式　　(d)层间式

图 1-3　山地隔震建筑形式

(1)斜板式

斜板式是指在同一单元内有不在同一标高的两个或多个隔震层,不同隔震层之间用斜板进行连接的隔震体系。该类结构研究的特殊问题包括上部结构计算分析模型的确定,抗震性能控制指标及抗震措施的确定,斜板倾斜角度、斜板厚度与水平向减震效果、结构扭转效应的关系。斜板式一般适用于坡度为15% ~30%的山地隔震建筑。

(2)掉层式

掉层式是指在同一单元内有不在同一标高的两个或多个隔震层,各隔震层楼板不连续,在最高标高以下按层设置楼面,并对坡地高差处的空间加以使用的隔震体系。该类结构研究的特殊问题包括上部结构计算分析模型的确定、横坡向和顺坡向倾覆失效机理、结构扭转控制指标、边坡稳定性、地震动参数放大等。由于此类结构形式在山地建筑中比较常见,具有一定代表性,因此本书将山地掉层隔震建筑作为研究对象。掉层式一般适用于坡度为 30% ~ 60% 的山地隔震建筑。

（3）吊脚式

吊脚式是指利用长、短支墩将坡地架空成平层的隔震体系,其特征在于隔震层楼面连续且唯一。吊脚式山地隔震建筑不改变坡地环境,一般不利用架空层部分,多用于较陡坡地或临江（或湖）地带。该类结构主要研究长支墩水平地震作用下的稳定问题、边坡稳定问题。

（4）层间式

层间式是指利用结构先将边坡修筑成平台,再在平台顶部修建隔震建筑的隔震体系。其特征在于隔震层楼面连续且唯一,最高标高以下按楼层设置楼面。该类结构主要研究隔震层以下结构的抗震性能控制指标及抗震措施问题、结构挡土问题。

1.3　山地掉层隔震结构的优势

山地掉层隔震结构的抗震性能在顺坡方向较传统山地抗震结构有较大的优越性。通过隔震层的调节作用,各层梁、柱地震作用下的轴力、剪力弯矩趋于均匀化,短柱效应明显降低,层间变形差异明显降低。

为体现山地掉层隔震结构的优势,本书分别建立了山地掉层抗震结构和山地掉层隔震结构二维框架的模型算例,并进行了地震作用下结构响应对比。假定模型算例的抗震设防为 8 度（0.2g）,场地类别为 Ⅱ 类,地震分组三组,特征周期为 0.45 s,模型为掉 1 跨 2 层的 6 层混凝土单榀框架,建筑高度为 19.2 m,混凝土等级 C30,橡胶支座布置和梁、柱截面如图 1-4 所示。一般楼层梁线荷载恒载为 18 kN/m、活载为 12 kN/m、顶层梁线恒载为 24 kN/m、活载为 3 kN/m,对模型分别进行了鲁甸波、人工波和塔夫特波多遇地震下的时程激励,地震波的谱分析如图 1-5 所示。

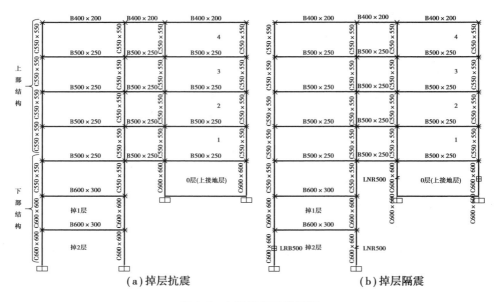

（a）掉层抗震　　　　　　　　　　　　　　（b）掉层隔震

图 1-4　山地建筑二维框架

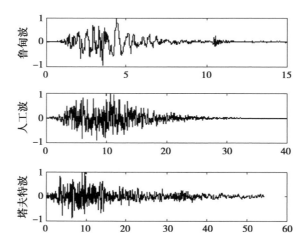

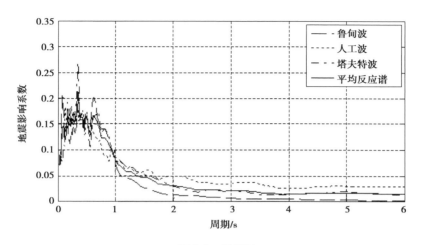

图 1-5　地震波

图 1-6—图 1-11 为二维掉层框架抗震与隔震结构分别在人工波、塔夫特波和鲁甸波多遇地震时程激励下梁、柱剪力和弯矩包络对比图。

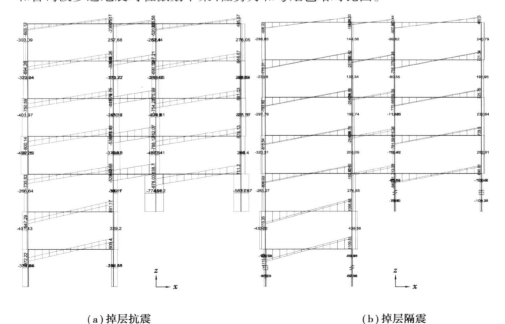

（a）掉层抗震　　　　　　　　　　　（b）掉层隔震

图 1-6　人工波剪力分布图

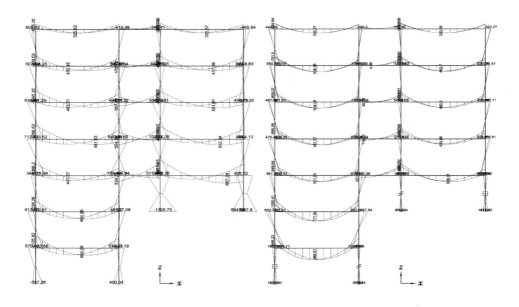

（a）掉层抗震　　　　　　　　　　　（b）掉层隔震

图 1-7　人工波弯矩分布图

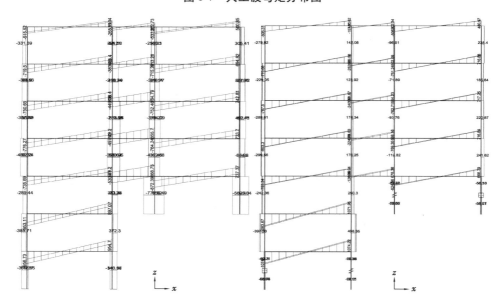

（a）掉层抗震　　　　　　　　　　　（b）掉层隔震

图 1-8　塔夫特波剪力分布图

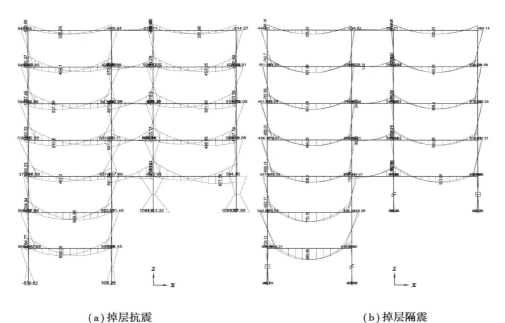

（a）掉层抗震　　　　　　　　　　　　　　（b）掉层隔震

图 1-9　塔夫特波弯矩

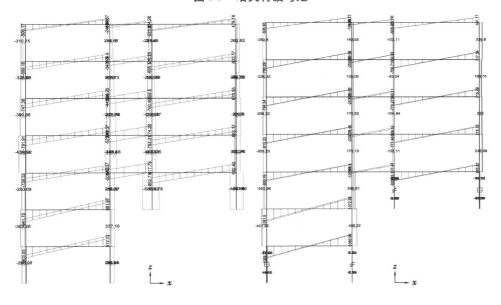

（a）掉层抗震　　　　　　　　　　　　　　（b）掉层隔震

图 1-10　鲁甸波剪力分布图

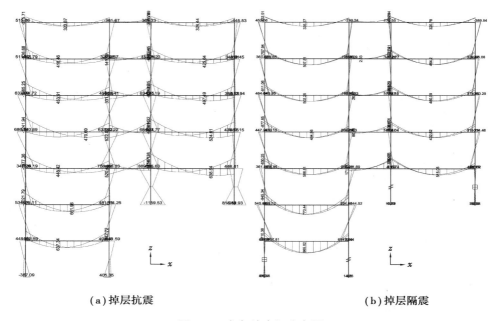

（a）掉层抗震　　　　　　　　　　　　（b）掉层隔震

图 1-11　鲁甸波弯矩分布图

由图 1-6 可知，在人工波激励下，与山地掉层抗震结构相比，掉层隔震结构同一楼层内柱子承受的剪力更趋于均匀，受剪比较合理。除掉 1 层外，山地掉层隔震结构柱子的剪力均小于山地掉层抗震结构，柱子剪力降低幅度为 8% ~ 89%，上下接地层柱子的剪力降低幅度远大于其他部位，呈现上下接地层降低幅度大而顶层降低幅度小的趋势；中间跨梁承受剪力显著降低，降低幅度为 10% ~ 15%，呈现上下接地层降低幅度大而顶层降低幅度小的趋势。

由图 1-7 可知，在人工波激励下，与山地掉层抗震结构相比，掉层隔震结构梁、柱承受的弯矩更趋于均匀，受弯比较合理，柱子弯矩降低 11% ~ 93%，且上下接地层柱子的弯矩降低幅度远大于其他部位柱子，呈现上下接地层降低幅度大而顶层降低幅度小的趋势；山地掉层隔震结构梁端负弯矩小于抗震结构，降低幅度为 4% ~ 32%，呈现上下接地层降低幅度大而顶层降低幅度小的趋势。

由图 1-8 可知，在塔夫特波激励下，与山地掉层抗震结构相比，掉层隔震结构同一楼层内柱子承受的剪力更趋于均匀，受剪比较合理。除掉 1 层外，山地掉层隔震结构柱子的剪力均小于山地掉层抗震结构,柱子剪力降低幅度为 7% ~ 97%,上下接地层柱子的剪力降低幅度远大于其他部位,呈现上下接地层降低幅度大而顶层降低幅度小的趋势;中间跨梁承受剪力显著降低,降低幅度 14% ~ 21%,呈现上下接地层降低幅度大而顶层降低幅度小的趋势。

由图 1-9 可知,在塔夫特波激励下,与山地掉层抗震结构相比,掉层隔震结构梁、柱承受的弯矩更趋于均匀,受弯比较合理,柱子弯矩降低 17% ~ 97%,且上下接地层柱子的弯矩降低幅度远大于其他部位柱子,呈现上下接地层降低幅度大而顶层降低幅度小的趋势;山地掉层隔震结构梁端负弯矩小于抗震结构,降低幅度为 12% ~ 35%,呈现上下接地层降低幅度大而顶层降低幅度小的趋势。

由图 1-10 可知,在鲁甸波激励下,与山地掉层抗震结构相比,掉层隔震结构同一楼层内柱子承受的剪力更趋于均匀,受剪比较合理。除掉 1 层外,山地掉层隔震结构柱子的剪力均小于山地掉层抗震结构,柱子剪力降低幅度为 8% ~ 98%,上下接地层柱子的剪力降低幅度远大于其他部位,呈现上下接地层降低幅度大而顶层降低幅度小的趋势;中间跨梁承受剪力显著降低,降低幅度 6% ~ 18%,呈现上下接地层降低幅度大而顶层降低幅度小的趋势。

由图 1-11 可知,两结构在鲁甸波激励下,与山地掉层抗震结构相比,掉层隔震结构梁、柱承受的弯矩更趋于均匀,受弯比较合理。除掉 1 层外,柱子弯矩降低 12% ~ 99%,且上下接地层柱子的弯矩降低幅度远大于其他部位柱子,呈现上下接地层降低幅度大而顶层降低幅度小的趋势;山地掉层隔震结构梁端负弯矩小于抗震结构,降低幅度为 7% ~ 33%,呈现上下接地层降低幅度大而顶层降低幅度小的趋势。

综上,在不同地震波激励下,山地掉层隔震结构梁、柱构件弯矩和剪力与抗震结构相比大都呈现出降低趋势,尤其是在上下接地层柱中降低最为显著,上下接地层柱子受力状态显著改善,避免了短柱效应。因此采用隔震技术梁、柱构件的受力趋于均匀,受力状态趋于合理,且掉层隔震结构中间跨短梁所承担的弯矩和剪力显著低于抗震结构,在设计中可避免出现深梁,因此可以大大提高结构的抗震性能。

表1-3所示为二维框架掉层抗震与隔震结构分别在人工波、塔夫特波和鲁甸波多遇地震时程激励下楼层剪力对比情况。

表1-3 楼层剪力对比

楼层	抗震结构楼层剪力/kN			隔震结构楼层剪力/kN			楼层剪力比		
	人工波	塔夫特波	鲁甸波	人工波	塔夫特波	鲁甸波	人工波	塔夫特波	鲁甸波
4	484	695	534	175	176	209	0.362	0.253	0.392
3	936	1 325	1 019	278	268	334	0.297	0.202	0.327
2	1 289	1 531	1 243	339	294	366	0.263	0.192	0.294
1	1 584	1 499	1 481	398	307	386	0.252	0.205	0.260
0	1 693	1 609	1 555	456	333	388	0.269	0.207	0.249
−1	432	394	332	241	182	217	0.558	0.462	0.654
−2	473	504	338	271	193	195	0.573	0.383	0.575

由表1-3可知,在不同地震波激励下,山地掉层隔震结构楼层剪力小于抗震结构,采用隔震技术后楼层剪力大幅度降低,结构遭受的水平地震作用降低,结构的抗震性能得到有效提高。

图1-12为山地掉层抗震结构与隔震结构层间位移角对比图。由图1-12可知,在不同地震波激励下,山地掉层隔震结构变形集中在隔震层(上、下接地隔震层),而结构本身层间相对变形很小,结构近似为刚体运动,隔震结构层间位移角远小于抗震结构。

综上,山地建筑采用隔震技术后,在地震作用下结构构件所承担的剪力、弯矩减小,构件的受力状态得到改善,避免了上接地层出现短柱效应,同时还避免了上部结构出现深梁,楼层剪力大幅度降低,变形主要集中在隔震层,结构的层间位移角显著变小,结构的抗震安全性能得到大幅度提高。

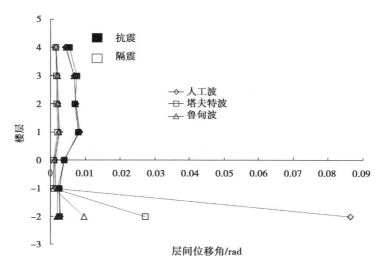

图 1-12 层间位移角对比

1.4 国内外研究现状

1.4.1 山地建筑抗震性能研究现状

汶川地震前,关于山地建筑的研究多从规划及建筑功能方面进行,对山地建筑结构抗震性能的相关研究局限于为数不多的规律研究方面。汶川地震发生后,在地震灾害调查中,人们发现山地建筑结构的震害严重,并且震害特殊,引起了研究学者们的关注,王丽萍对以往山地建筑的研究做了系统总结,并首次明确提出了山地建筑结构的概念,总结出了 5 种山地建筑基本结构形式,并以掉层结构为研究对象开展了山地建筑结构设计地震动输入问题和侧向刚度控制方面的研究。单志伟根据不同土层条件,建立了陡坎分别为土层和基岩两种情况下的掉层结构模型,并通过变换掉层部分的层数和跨度对结构的不同反应进行了研究。杨实君针对吊脚结构形式的山地建筑结构进行了研究,分析了吊脚式结构的抗震性能,同时给出了吊脚式结构在设计时应当注意的问题。何岭将掉层结构框架体系简化成底层不等高的框架结构,从力学本质上解释了掉层结构的传力途径,同时给出了掉层结构掉层部分等代柱子的计算方法。赵耀针对掉层结构的动力特性以及整体抗倾覆能力展开了分析研究。蒋代波借助有限元分析软件 ANSYS,对场地条件、场地覆盖土体的弹性模量、黏弹性阻尼器以及地震动特性对结构地震反应的影响进行了分析。伍云天等对一榀 5 层 3 跨掉层框架模型进行了拟静力试验,校验了有限元模型模拟掉层框架结构受力反应的准确性。陈森、凌玲、唐显波、王旭对典型多层掉层 RC 框架结构的强震破坏失效模式、地震易损性以及余震附加损伤等展开了研究。李果借助PERFORM 3D 对空间掉层框架结构的数值进行了分析,研究了阻尼器在掉层结构平面和竖向不同位置时结构相应的响应,并引入抗倒塌储备系数(CMR)对结构的抗倒塌能力进行了评价。

1.4.2　隔震技术应用与发展

隔震技术,是指在上部结构底部与基础或下部结构之间设置柔性隔震装置,形成柔性隔震层,在地震动能量的传递途径上采取隔离措施,从而降低地震能量向上部结构传递,减少地震作用对上部结构的影响,以达到提高结构抗震能力的目标。

1969 年南斯拉夫斯考比市的贝斯特洛奇小学被认为是首座采用现代隔震概念设计的隔震建筑,该建筑使用了矩形纯橡胶体作为隔震装置;1973 年法国兴建的朗贝斯库学校使用了叠层橡胶支座作为隔震装置;1977 年 W. H. Robinson 等研制出了经济、实用且性能可靠的铅芯叠层橡胶支座,为隔震技术的蓬勃发展奠定了基础。在 20 世纪 80 年代,新西兰、日本和美国等多震国家投入相当多的人力和物力,对隔震技术开展了系统的理论分析和试验研究,其中 Lindley 和 Robinson 等分别做了一系列的试验,研究了铅芯橡胶支座的滞回、疲劳和徐变特性,Derham 等对橡胶隔震支座的基本原理和设计方法及隔震支座的稳定性作了详细介绍。1982 年,新西兰首都惠灵顿建成了世界上第一座采用铅芯橡胶隔震支座的 4 层政府办公大楼；1983 年，日本千叶县八千代台住宅为日本最早采用橡胶隔震支座的 2 层建筑；1985 年，美国采用高阻尼橡胶支座建成了加州圣伯纳丁诺山丘镇司法事务中心大楼；由于隔震建筑在 1995 年阪神大地震中表现出了优越的抗震性能，因此在阪神大地震后，日本兴建了大量的隔震建筑，建成了包括高度为 177.4 m 的西梅田和 190 m 的三宫城市一系列超高层隔震建筑。

　　我国对隔震技术的系统研究起步相对较晚，李立于 1962 年阐述了隔震的观点，进行了隔震技术的研究，并于 1981 年在北京建造了我国第一栋 4 层砖混砂垫层隔震房屋；1991 年，在联合国工业发展组织（UNIDO）国际项目的支持下，周福霖在汕头主持建成了我国首幢采用叠层橡胶隔震支座的多层住宅隔震房屋，并被评价为隔震技术发展史上的第三座里程碑；唐家祥等成功研制了竖向承载能力为 500 t 的橡胶隔震支座，并对其进行了多方面的性能试验研究，于 1993 年在河南省安阳东风路主持设计了一幢 6 层的隔震住宅楼；1999 年到 2002 年，刘文光、周福霖等开发出直径为 1 000 mm 和 1 100 mm（设计荷载达 13 000 kN）的大直径橡胶隔震支座，并且在日本的多项工程中得到了应用；魏德敏等对一栋采用基础隔震的高层建筑结构进行了地震反应分析，并与非隔震结构进行了对比，结果表明采用基础隔震可减小高层隔震结构的水平及扭转地震反应，为在高层建筑中推广基础隔震技术提供了一定依据；祁皑等人和黄襄云分别完成了系统的层间隔震理论研究；基于随机振动理论，唐怀忠、盛宏玉进行了层间隔震体系的动力响应分析；周福霖、张颖、谭平对层间隔震体系的减震机理进行了深入研究；殷伟希、谭平等对近场地震作用下层间隔震体系的地震响应与减震策略进行了系统的研究；2006 年，王焕定、付伟庆、刘文光等在 Kelly 等人的研究基础上，提出了隔震结构两自由度模型的简化计算公式，为高层隔震结构实用设计方法的研究奠定了基础；孙柏锋、潘文结合抗震设计规范，提出了隔震结构两阶段设计方法；程华群，刘伟庆等提出了避免隔震支座受拉的上部结构布置原则及隔震层优化设计方法，并对目前隔震支座拉应力的计算方法提出了改进建议;曾聪等人和张新影采用大型有限元分析软件 ANSYS 对昆明新机场航站楼进行了有限元分析,论证了该大型公共建筑隔震设计的合理性;2008 年,杜永峰、朱前坤介绍了高层隔震结构风振响应特点,并对高层隔震建筑抵抗风荷载提出了建议;针对高层隔震设计中的难点问题,熊伟对高层隔震建筑进行了概念设计,提出了相应的设计方法和设计流程;2008 年,何文福、刘文光等采用有限元数值的分析方法对高层隔震结构在风荷载作用下的动态响应进行了分析,同时对隔震结构进行了多遇地震下的动力时程分析,并与风荷载作用下的结构反应进行了对比分析;2017 年,修明慧等提出了隔震结构的直接设计法,介绍了隔震层等效阻尼比和隔震支座等效刚度的迭代方法,并与现行规范中隔震结构所采用的分部设计法进行了系统的对比分析。

1.4.3　山地隔震技术研究现状

目前国内外关于山地隔震技术的研究很少,周兆静利用 ANSYS 软件建立了山区平地模型、山区倾斜基岩模型和山区隔震模型,考虑了土与结构相互作用及基岩状况等一系列影响因素,分别对山区平地模型、山区倾斜基岩模型、山区隔震模型在不同地震波下的响应展开数值分析;杨佑发等借助 ANSYS 软件并考虑土与结构相互作用,对山区多层接地基础隔震与层间隔震框架结构进行了有限元分析;杨佑发等人利用 ANSYS 考虑了土与结相互作用和长周期速度脉冲,对基础隔震、层间隔震、多层接地隔震结构进行了有限元分析;张龙飞等对云南澜沧某不等高隔震的希望小学进行非线性时程分析得出,隔震技术不仅能有效减小上部结构地震作用,还能有效减弱上部结构的扭转效应,而且可有效解决传统接地构建因不等高嵌固剪力分布不均匀的问题;阮云坤等从设计方法角度,提出了坡地不等高隔震结构关于剪重比的计算方法。

1.5 本书主要研究内容

山地隔震建筑包括 4 种基本形式,即斜板式、掉层式、层间式、吊脚式,每种形式都存在一定的问题,其中掉层式山地建筑比较典型。本书以山地掉层隔震结构为研究对象,其特殊问题包括上部结构计算分析模型的确定、横坡向和顺坡向倾覆失效机理、结构扭转控制指标、边坡稳定性、地震动参数放大等问题。

结合实际情况,本书选择山地掉层隔震结构的倾覆失效问题展开研究:首先对山地掉层隔震结构倾覆失效机理进行了理论研究;接着设计了山地掉层隔震结构振动台试验,并进行了结构有限元数值分析;最后提出了一种提高隔震结构抗倾覆能力的导轨式抗拉橡胶支座,并对这种抗拉橡胶支座分别进行了力学性能试验研究和有限元数值分析。具体研究内容如下。

1)山地掉层隔震结构倾覆失效机理的理论研究

首先假定边坡为稳定岩质边坡,上部结构质量分布均匀,不考虑边坡引起的地震动放大作用,不考虑竖向地震作用,以橡胶支座受拉或受压达到其极限承载力作为山地掉层隔震结构倾覆失效的临界条件,引入橡胶支座拉压刚度不一致的条件,推导出基础隔震结构和山地掉层隔震结构横坡向、顺坡向倾覆失效控制条件高宽比(名义高宽比)限值的计算公式。

2)按 1:10 相似比设计、制作山地掉层框架隔震结构振动台模型

首先针对山地掉层隔震结构的特殊性提出适用于山地掉层隔震结构的包络设计法,并采用该设计法设计一栋 8 度设防区掉 2 层 1 跨的混凝土框架隔震结构,接着通过动力弹塑性时程分析确定该掉层框架结构罕遇地震下的抗震性能水准,进而初步验证该设计方法的可行性,最后以该掉层隔震结构为原型制作相似比为 1:10 的振动台试验模型,其中包括试验橡胶支座 LRB100 的制作和力学性能测试,以及微粒混凝土配合比的调配与材性试验。

3）振动台试验和试验结果分析

以选定的地震波分别对山地掉层隔震和抗震结构模型进行一系列不同水准的振动台试验，综合考察山地掉层隔震结构模型的抗震性能，验证山地掉层隔震横坡向和顺坡向倾覆控制理论公式正确性，同时验证山地掉层隔震结构改进的包络设计法的有效性，最后建立有限元模型，并与振动台试验结果进行对比分析。

4）提出一种新型导轨式抗拉橡胶支座

首先针对橡胶支座自身抗拉性能差的特点，提出新型导轨式抗拉橡胶支座；接着通过拟静力试验对导轨式抗拉橡胶支座进行水平压剪和竖向单轴拉伸试验研究，并借助 ABAQUS 有限元分析平台对导轨式抗拉橡胶支座进行有限元数值模拟；最后通过工程实例证明导轨式抗拉橡胶支座在提高隔震建筑抗倾覆能力方面的有效性。

本书主要研究内容及路线如图 1-13 所示。

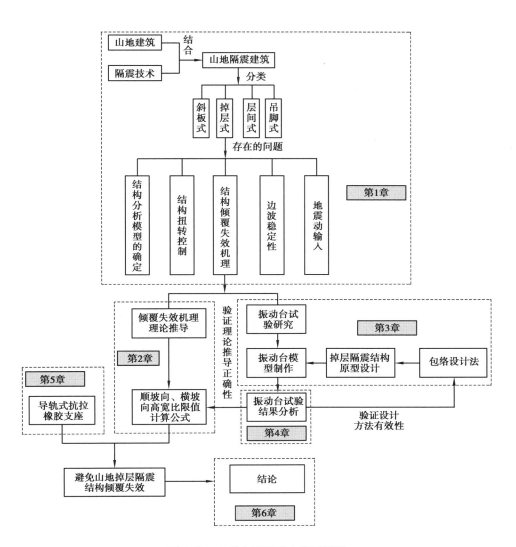

图 1-13　本书主要研究内容及路线

第 2 章　山地掉层隔震结构高宽比限值研究

2.1　引言

高宽比限值是衡量隔震结构抗倾覆能力的重要指标,目前国内外研究基础隔震的高宽比限值的学者较少,其中李宏男等对基础滑移隔震的多层砌体房屋在实际地震作用下的抗倾覆高宽比限值进行了研究,并利用 Wilson-H 数值积分方法进行计算,得到了多层砌体房屋的高宽比限值的统计值。吴香香、李宏男等考虑竖向地震动、场地条件、地震烈度、隔震周期、隔震层刚度、上部结构刚度及橡胶支座布置位置等因素对隔震结构高宽比限值的影响,推导出了隔震结构高宽比限值的简化计算公式;付伟庆、何文福、刘文光等对相似比为 1∶4 的大高宽比隔震结构进行了振动台试验,结果显示,高烈度地震动可能致使橡胶支座受拉屈曲;王铁英等对相似比为 5、高宽比为 3.1 的基础隔震模型进行了振动台试验,结果表明高烈度地区大高宽比橡胶垫隔震结构是有可能产生倾覆的;祁皑等研究得出了隔震结构高宽比限值的显式计算公式,并给出了针对不同建筑类别、不同设防烈度、不同场地条件和不同隔震层阻尼比的高宽比限值;杨树标等对橡胶隔震支座和摩擦摆支座复合隔震结构的高宽比限值进行了研究,推导得出了简化的计算公式;王栋、吕西林等对 7 层钢框架结构进行振动台试验,结果表明结构整体抗倾覆性能随高宽比增大而减小;Hino 等考虑橡胶支座受拉非线性影响因素提出了一种计算橡胶支座轴向变形递归的分析法;Miyama 等通过对大高宽比基础隔震结构的振动台试验研究得出了在计算橡胶支座轴向力时应计入竖向地震的影响;Ryan 等采用非线性时程分析法对隔震结构的支座轴力和橡胶支座轴向反应进行分析和研究;Xu 研究了未设置抗拉装置的基础隔震结构倾覆力矩与抵抗矩之间的关系;王梦园等通过振动台试验对橡胶砂垫层隔震模型的抗倾覆能力进行了研究。

以往学者对隔震结构倾覆失效的研究多少传统基础隔震为对象,并基于隔震层竖向拉压刚度一致的条件,以橡胶支座竖向受拉超过其极限承载力为倾覆失效的临界条件对结构的高宽比进行研究,忽略了橡胶支座竖向拉压刚度不一致对隔震结构倾覆失效带来的影响。

山地掉层隔震结构是一种特殊的结构形式,而其倾覆失效问题也是一个不可回避的问题,但目前对山地掉层隔震结构倾覆失效方面的研究鲜有报道。山地掉层隔震结构的倾覆失效比较特殊,可以分为顺坡向的倾覆失效和横坡向的倾覆失效,其中横坡向的倾覆失效问题类似于基础隔震,而顺坡向的倾覆失效问题比较复杂,与水平地震作用输入的方向、掉层高度与结构总高度比、掉层宽度与结构总宽度比等因素有关。

本章以山地掉层隔震结构为研究对象,采用静力平衡的方法对山地掉层隔震结构横坡向的倾覆失效机理和顺坡向的倾覆失效机理进行理论推导。在理论推导的过程中假定:

①边坡为稳定岩质边坡;

②上部结构质量分布均匀,且上部结构为刚体;

③以橡胶支座受拉或受压达到其极限承载力为隔震结构倾覆失效的临界条件;

④不考虑竖向地震作用的影响;

⑤不考虑边坡引起的地震动放大作用。

本章基于以上 5 个基本假定,考虑橡胶支座竖向拉压刚度一致和不一致两个条件,首先分别对基础隔震的倾覆失效机理进行研究,得到基础隔震高宽比限值修正的计算公式,进而得到山地掉层隔震结构横坡向高宽比限值的计算公式;然后在此基础上引入受拉区和受压区长度比、掉层高度与结构总高度比、掉层宽度与结构总宽度比、上下接地层水平刚度比等影响因素,对山地掉层隔震结构顺坡向的倾覆失效机理进行研究,得到山地掉层隔震结构顺坡向等效高宽比限值的计算公式。

2.2　基础隔震结构倾覆失效机理

对于基础隔震结构,当隔震上部结构质量分布均匀,且不考虑竖向地震影响时,假定抗倾覆力矩倾覆点为基础外边缘,那么基础隔震结构的受力如图 2-1 所示,总重力荷载代表值为抗倾覆力矩的作用力,抗倾覆力矩为:

$$M_R = \frac{1}{2} Gb \qquad (2-1)$$

式中　M_R——抗倾覆力矩标准值,kN·m;

　　　G——上部结构总重力荷载代表值,kN;

　　　b——基础隔震结构的宽度,m。

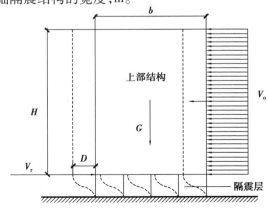

图 2-1　基础隔震结构受力图

假定基础隔震上部结构水平地震作用沿高度方向呈矩形分布,则总水平地震作用产生的倾覆力矩标准值为:

$$M_{ov} = \frac{1}{2} V_o H \qquad (2-2)$$

式中　M_{ov}——倾覆力矩标准值,kN·m;

　　　H——建筑物隔震支座底面以上的高度,m;

　　　V_o——总水平地震作用标准值,kN。

2.2.1 基础隔震结构橡胶支座竖向力分布规律

在水平地震和结构自重共同作用下,基础隔震结构橡胶支座竖向力分布规律对倾覆失效机理的影响至关重要。SAP2000 程序是由 Edwards Wilson 开发的 SAP(Structure Analysis Program)系列程序发展而来的,具有完善、直观和灵活的界面,是集成化、高效率和实用的通用结构软件。从简单的二维框架静力分析到复杂的三维非线性动力分析,SAP2000 都可以为所有结构分析和设计提供完美的解决方案。基于以上特点,本节采用 SAP2000 对一二维剪力墙结构进行有限元分析,研究在水平地震和结构自重作用下基础隔震结构橡胶支座竖向力分布规律。模型中墙体用壳单元模拟,顶部施加竖向节点荷载 6 kN、水平向节点荷载 10 000 kN,二维剪力墙模型底部的橡胶隔震支座用非线性连接单元模拟。二维剪力墙模型如图 2-2 所示。

建立模型时,通过设置节点 body 约束建立刚体模型,单独采用 Rubber Isolator 单元模拟橡胶支座竖向拉压刚度一致情况;采用 Rubber Isolator 单元和 Gap 单元并联的方式模拟橡胶支座竖向拉压刚度不一致情况(在模拟橡胶支座竖向拉压刚度不一致时,Gap 单元竖向刚度取为 Rubber Isolator 单元的 9 倍,以实现橡胶支座的受拉刚度是受压刚度的 1/10)。

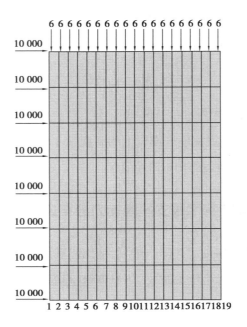

图 2-2 二维剪力墙模型

通过上述方式分别建立了刚体-拉压刚度一致模型、弹性体-拉压刚度一致模型、刚体-拉压刚度不一致模型和弹性体-拉压刚度不一致模型等 4 个模型。为方便研究,4 个模型分别用 R-L、E-L、R-NL、E-NL 代表。

对上述 4 个模型分别进行静力非线性分析,橡胶隔震支座竖向力分布规律如图 2-3 和图 2-4 所示。

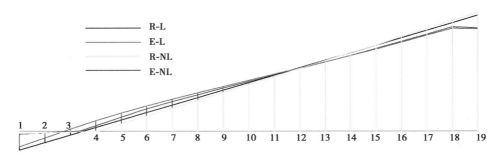

图 2-3 橡胶隔震支座竖向力分布

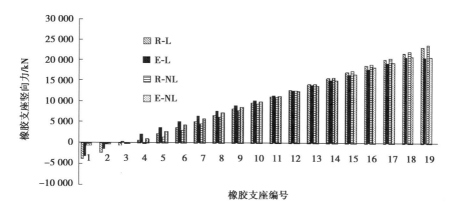

图 2-4　橡胶隔震支座竖向力

由图 2-3 可知,在受压区,R-L 模型与 R-NL 模型橡胶支座压力的分布呈线性,而 E-L 模型与 E-NL 模型橡胶支座压力的分布则呈非线性,但 4 个模型在受压区橡胶支座压力分布趋势大致相同;R-L 模型与 E-NL 模型拉压分界点位置偏差最小,均出现在 3 号和 4 号支座之间。在受拉区,R-L 模型与 R-NL 模型橡胶支座拉力的分布呈线性,R-L 模型橡胶支座拉力的分布斜率与压力分布斜率完全相同,但 R-NL 模型橡胶支座拉力的分布斜率明显小于压力分布斜率;R-L 模型与 E-L 模型橡胶支座拉、压力的分布趋势大致相同,同样,R-NL 模型与 E-NL 模型橡胶支座拉、压力的分布趋势大致相同。

由图 2-4 可知,在受压区,4 个模型各橡胶支座的压力偏差非常小,偏差不大于 15% ;在受拉区,4 个模型各橡胶隔震支座的拉力 R-L>E-L>E-NL>R-NL。在受拉边缘处,R-NL 模型与 E-NL 模型橡胶支座拉力偏差最小,偏差不大于 16% ,而 R-L 模型与 E-L 模型支座的拉力则远大于 E-NL 模型,且 E-NL 模型与 R-NL 模型在整个受拉区橡胶支座的拉力都非常接近。

综上,可以得出以下结论:

①橡胶支座的竖向拉压刚度一致与否对基础隔震结构在水平地震和结构自重共同作用下橡胶支座拉力的分布规律影响很大,但对橡胶支座压力的分布规律影响较小;

②将上部结构考虑为刚体和弹性体,对橡胶支座的拉力、压力分布规律的影响不大。

因此以橡胶支座受拉或受压极限值为倾覆失效临界条件对基础隔震结构进行倾覆研究时,应计入橡胶支座拉压刚度不一致的影响,且在推导基础隔震结构倾覆失效机理的过程中假定上部结构为刚体。

2.2.2 竖向拉压刚度一致

针对基础隔震结构,首先假定橡胶隔震支座竖向拉压刚度一致,在水平地震和结构自重共同作用下结构受力如图 2-5 所示。若以隔震层底面为研究对象,假定基础及地基均具有足够的刚度,总重力荷载中心与基础底面形心重合,则基础底面反力呈线性分布,假定转动中心将隔震层水平分为受拉区和受压区两部分,受拉区长度为 l_1,受压区长度为 l_2,则 $l_1 + l_2 = b$, b 为基础隔震结构的宽度,σ_1、σ_2 分别为山地掉层隔震结构在水平地震和结构自重共同作用下橡胶支座最大拉应力和最大压应力。

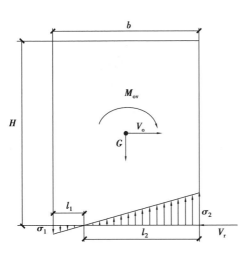

图 2-5 隔震结构受力图

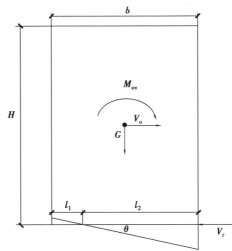

图 2-6 隔震层变形图

假定基础底面绕转动中心转过了微小角度 θ，根据图 2-5、图 2-6，当基础隔震结构受水平地震和结构自重共同作用时，由 $\sum F_v = 0$ 得：

$$\int_0^{l_1} K_V \theta x \mathrm{d}x + G = \int_0^{l_2} K_V \theta x \mathrm{d}x \tag{2-3}$$

式中　G——结构自重，N；

　　　l_1——受拉区长度，m；

　　　l_2——受压区长度，m；

　　　θ——隔震层转动微角度，(°)；

　　　K_V——隔震层竖向刚度。

令 φ 为受拉区长度与受压区长度比，化简式(2-3)得：

$$\varphi = \frac{l_1}{l_2} = \sqrt{1 - \frac{2G}{l_2^2 K_V \theta}} \tag{2-4}$$

由于 $\sigma_2 = l_2 K_V \theta$，故进一步化简式(2-4)得：

$$\varphi = \sqrt{1 - \frac{2G}{l_2 \sigma_2}} \tag{2-5}$$

对隔震层转动中心取矩，由 $\sum M = 0$ 得：

$$\frac{1}{3}(\sigma_1 l_1^2 + \sigma_2 l_2^2) = M_{\mathrm{ov}} + G\left(\frac{b}{2} - l_1\right) \tag{2-6}$$

令上部结构的加速度为 a_0，质量为 m，则上部结构水平地震力 $V_0 = ma_0$，由式(2-3)—式(2-6)得：

$$\begin{cases} \varphi^2 = 1 - \dfrac{2}{\dfrac{3}{2}k \cdot \dfrac{H}{b} + \dfrac{1}{1+\varphi} + \dfrac{1}{2}} \\[2mm] \sigma_1 = \sigma_0 \left[\dfrac{3}{2}k\left(1 + \dfrac{1}{\varphi}\right) \cdot \dfrac{H}{b} - \dfrac{1}{2\varphi} - \dfrac{3}{2}\right] \\[2mm] \sigma_2 = \sigma_0 \left[\dfrac{3}{2}k(1+\varphi) \cdot \dfrac{H}{b} + \dfrac{\varphi}{2} + \dfrac{3}{2}\right] \end{cases} \tag{2-7}$$

式中　σ_0——仅在自重作用下隔震层竖向压应力，$\sigma_0 = \dfrac{G}{b}$，MPa；

k——地震力系数，$k=\dfrac{a_0}{g}$。

根据《建筑抗震设计规范》（GB 50011—2010）的规定，基础隔震结构不发生倾覆失效的条件为：

$$\sigma_1 < 1.0 \text{ MPa}$$

且

$$\sigma_2 < 30 \text{ MPa}$$

因此，基础隔震结构不发生倾覆失效的条件为：

$$\begin{cases} \varphi^2 = 1 - \dfrac{2}{\dfrac{3}{2}k \cdot \dfrac{H}{b} + \dfrac{1}{1+\varphi} + \dfrac{1}{2}} \\[4mm] \dfrac{3}{2}k\left(1+\dfrac{1}{\varphi}\right) \cdot \dfrac{H}{b} - \dfrac{1}{2\varphi} - \dfrac{3}{2} < \dfrac{1}{\sigma_0} \end{cases} \tag{2-8}$$

且

$$\begin{cases} \varphi^2 = 1 - \dfrac{2}{\dfrac{3}{2}k \cdot \dfrac{H}{b} + \dfrac{1}{1+\varphi} + \dfrac{1}{2}} \\[4mm] \dfrac{3}{2}k(1+\varphi) \cdot \dfrac{H}{b} + \dfrac{\varphi}{2} + \dfrac{3}{2} < \dfrac{30}{\sigma_0} \end{cases} \tag{2-9}$$

当 $\sigma_1 = 1.0$ MPa 或 $\sigma_2 = 30$ MPa 时，高宽比取得临界值，此时满足：

$$\begin{cases} \varphi^2 = 1 - \dfrac{2}{\dfrac{3}{2}k \cdot \dfrac{H}{b} + \dfrac{1}{1+\varphi} + \dfrac{1}{2}} \\[4mm] \dfrac{3}{2}k\left(1+\dfrac{1}{\varphi}\right) \cdot \dfrac{H}{b} - \dfrac{1}{2\varphi} - \dfrac{3}{2} = \dfrac{1}{\sigma_0} \end{cases} \tag{2-10}$$

或

$$\begin{cases} \varphi^2 = 1 - \dfrac{2}{\dfrac{3}{2}k \cdot \dfrac{H}{b} + \dfrac{1}{1+\varphi} + \dfrac{1}{2}} \\[4mm] \dfrac{3}{2}k(1+\varphi) \cdot \dfrac{H}{b} + \dfrac{\varphi}{2} + \dfrac{3}{2} = \dfrac{30}{\sigma_0} \end{cases} \tag{2-11}$$

分别采用式(2-10)和式(2-11)计算得出最大高宽比$\left[\dfrac{H}{b}\right]$,取两者中的较小值作为橡胶支座竖向拉压刚度一致条件下基础隔震结构最大高宽比限值。

2.2.3　竖向拉压刚度不一致

由于橡胶支座实际竖向拉压刚度不一致,所以隔震层竖向拉压刚度差异很大。当橡胶支座竖向拉压刚度不一致时,令 K_{Vt} 为隔震层受拉刚度,K_{Vp} 为隔震层受压刚度,则隔震层竖向拉压刚度比 γ 为:

$$\gamma = \frac{K_{\mathrm{Vt}}}{K_{\mathrm{Vp}}} \tag{2-12}$$

在水平地震和结构自重共同作用下结构受力如图 2-7 所示。假定转动中心将隔震层分为受拉区和受压区两部分,受拉区长度 l_1,受压区长度 l_2,则 $l_1+l_2 = b$,σ_1、σ_2 分别为山地掉层隔震结构在水平地震和结构自重共同作用下橡胶支座的最大拉应力和最大压应力。

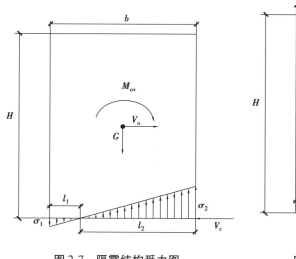

图 2-7　隔震结构受力图

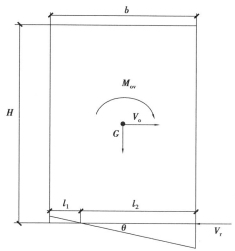

图 2-8　隔震层倾覆变形图

假定基础底面绕转动中心转过了微小角度 θ,根据图 2-7、图 2-8,当基础隔

震结构受水平地震和结构自重共同作用时,由 $\sum F_{\mathrm{V}} = 0$ 得:

$$\int_0^{l_1} K_{\mathrm{Vt}} \theta x \mathrm{d}x + G = \int_0^{l_2} K_{\mathrm{Vp}} \theta x \mathrm{d}x \tag{2-13}$$

式中　K_{Vp}——隔震层竖向受压刚度;

　　　K_{Vt}——隔震层竖向受拉刚度。

其他参数与前文相同。

同样令 φ 为受拉区长度与受压区长度比,化简式(2-13)得:

$$\varphi = \frac{l_1}{l_2} = \sqrt{\frac{K_{\mathrm{Vp}}}{K_{\mathrm{Vt}}} - \frac{2G}{l_2^2 K_{\mathrm{Vt}} \theta}} \tag{2-14}$$

由于 $\sigma_2 = l_2 K_{\mathrm{Vp}} \theta$,故进一步化简式(2-15)得:

$$\varphi = \sqrt{\frac{K_{\mathrm{Vp}}}{K_{\mathrm{Vt}}} - \frac{2G}{\gamma l_2 \sigma_2}} = \sqrt{\frac{1}{\gamma} - \frac{2G}{\gamma l_2 \sigma_2}} \tag{2-15}$$

对隔震层转动中心取矩,由 $\sum M = 0$ 得:

$$\frac{1}{3} (\sigma_1 l_1^2 + \sigma_2 l_2^2) = M_{\mathrm{ov}} + G\left(\frac{b}{2} - l_1\right) \tag{2-16}$$

令上部结构的加速度为 a_0,质量为 m,则上部结构水平地震力 $V_0 = ma_0$,由式(2-3)、式(2-13)、式(2-15)、式(2-16)得:

$$\begin{cases} \varphi^2 = \dfrac{1}{\gamma} - \dfrac{2}{\dfrac{3}{2}k\gamma \cdot \dfrac{H}{b} + \dfrac{\gamma}{1+\varphi} + \dfrac{\gamma}{2}} \\[4mm] \sigma_1 = \sigma_0 \left[\dfrac{3}{2}k\left(1 + \dfrac{1}{\varphi}\right) \cdot \dfrac{H}{b} - \dfrac{1}{2\varphi} - \dfrac{3}{2} \right] \\[4mm] \sigma_2 = \sigma_0 \left[\dfrac{3}{2}k(1+\varphi) \cdot \dfrac{H}{b} + \dfrac{\varphi}{2} + \dfrac{3}{2} \right] \end{cases} \tag{2-17}$$

根据《建筑抗震设计规范》(GB 50011—2010)的规定,基础隔震结构不发生倾覆失效的条件为:

$$\sigma_1 < 1.0 \text{ MPa}$$

且

$$\sigma_2 < 30\ \text{MPa}$$

因此,基础隔震结构不发生倾覆失效的条件为:

$$\begin{cases} \varphi^2 = \dfrac{1}{\gamma} - \dfrac{2}{\dfrac{3}{2}k\gamma \cdot \dfrac{H}{b} + \dfrac{\gamma}{1+\varphi} + \dfrac{\gamma}{2}} \\[4mm] \dfrac{3}{2}k\left(1+\dfrac{1}{\varphi}\right) \cdot \dfrac{H}{b} - \dfrac{1}{2\varphi} - \dfrac{3}{2} < \dfrac{1}{\sigma_0} \end{cases} \tag{2-18}$$

且

$$\begin{cases} \varphi^2 = \dfrac{1}{\gamma} - \dfrac{2}{\dfrac{3}{2}k\gamma \cdot \dfrac{H}{b} + \dfrac{\gamma}{1+\varphi} + \dfrac{\gamma}{2}} \\[4mm] \dfrac{3}{2}k(1+\varphi) \cdot \dfrac{H}{b} + \dfrac{\varphi}{2} + \dfrac{3}{2} < \dfrac{30}{\sigma_0} \end{cases} \tag{2-19}$$

当 $\sigma_1 = 1.0\ \text{MPa}$ 或 $\sigma_2 = 30\ \text{MPa}$ 时取得临界值,此时满足:

$$\begin{cases} \varphi^2 = \dfrac{1}{\gamma} - \dfrac{2}{\dfrac{3}{2}k\gamma \cdot \dfrac{H}{b} + \dfrac{\gamma}{1+\varphi} + \dfrac{\gamma}{2}} \\[4mm] \dfrac{3}{2}k\left(1+\dfrac{1}{\varphi}\right) \cdot \dfrac{H}{b} - \dfrac{1}{2\varphi} - \dfrac{3}{2} = \dfrac{1}{\sigma_0} \end{cases} \tag{2-20}$$

或者

$$\begin{cases} \varphi^2 = \dfrac{1}{\gamma} - \dfrac{2}{\dfrac{3}{2}k\gamma \cdot \dfrac{H}{b} + \dfrac{\gamma}{1+\varphi} + \dfrac{\gamma}{2}} \\[4mm] \dfrac{3}{2}k(1+\varphi) \cdot \dfrac{H}{b} + \dfrac{\varphi}{2} + \dfrac{3}{2} = \dfrac{30}{\sigma_0} \end{cases} \tag{2-21}$$

分别采用式(2-20)和式(2-21)计算得出最大高宽比 $\left[\dfrac{H}{b}\right]$,取两者中的较小值作为橡胶支座竖向拉压刚度不一致条件下基础隔震结构最大高宽比限值。

2.3　掉层隔震结构顺坡向倾覆失效机理

山地掉层隔震结构顺坡向倾覆失效机理同样与橡胶支座竖向拉压刚度有关,本节基于橡胶支座竖向拉压刚度一致和不一致两种情况分别对山地掉层隔震结构的倾覆失效机理进行理论推导。

为方便推导,假定上接地层延长线将整个结构划分为上部结构和掉层部分,上部结构、掉层部分质量分别为 m_1、m_2,上部结构和掉层部分在水平地震作用下的绝对加速度分别为 a_1、a_2,地震作用沿高度呈矩形分布,则上部结构和掉层部分地震作用合力点分别位于自身高度的 1/2 处,其中 V_{o1}、G_1、V_{r1} 分别为上部结构所遭受的水平地震作用、结构自重、水平反力,V_{o2}、G_2、V_{r2} 分别为掉层部分所遭受的水平地震作用、结构自重、水平反力,b 为结构总宽度,H 为结构总高度,h 为掉层部分高度,a 为掉层部分宽度,定义 $\dfrac{H}{b}$ 为山地掉层隔震结构顺坡向名义高宽比,山地掉层隔震结构受力如图 2-9 所示。

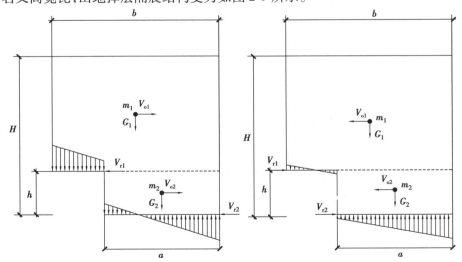

图 2-9　山地掉层隔震结构受力图

2.3.1　山地掉层橡胶隔震支座竖向力分布规律

假定山地掉层隔震结构在水平地震作用和结构自重共同作用下受力如图 2-10（a）所示。当橡胶支座竖向拉压刚度一致时,假定山地掉层隔震结构在水平地震和结构自重共同作用下绕 O 点转动了微小角度 θ,如图 2-10（b）所示。

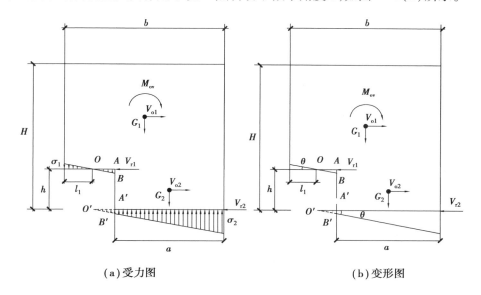

（a）受力图　　　　　　　　（b）变形图

图 2-10　山地掉层隔震结构底部竖向应力分布

当转动角度 θ 很小时,可以证明:

$$\angle AOB \approx \angle A'O'B' = \theta \tag{2-22}$$

由于隔震层应力在点 A 和 A' 处连续,故得到:

$$\overline{AB} = \overline{A'B'} \tag{2-23}$$

因此

$$\triangle AOB \cong \triangle A'O'B' \tag{2-24}$$

所以 $\overline{OA} = \overline{O'A'}$,即转动中心将上下接地层分成受拉区和受压区,受拉区和受压区长度之和与结构总宽度 b 相等,橡胶支座竖向受力在掉层处连续,受拉区和受压区橡胶支座竖向受力呈线性分布,且斜率相等。同理,当山地掉层隔震结构在受力情况如图 2-11 所示时,可得到同样的结论。

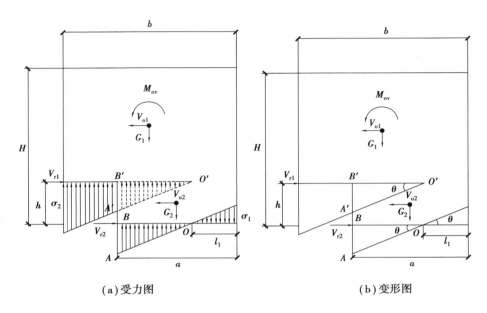

（a）受力图　　　　　　　　　　（b）变形图

图 2-11　山地掉层隔震结构底部竖向应力分布

为进一步研究山地掉层隔震结构在水平地震和结构自重共同作用下隔震层橡胶支座竖向力分布规律,采用 SAP2000 对二维掉层剪力墙模型进行有限元分析。模型中墙体用壳单元模拟,顶部施加竖向节点荷载 6 kN,掉层部分施加水平向节点荷载 7 500 kN,其他部分施加水平向节点荷载 10 000 kN,分别按水平地震作用正向输入和负向输入（假定以向右为正）两种情况进行静力非线性分析,底部橡胶支座采用非线性连接单元模拟。

建立模型时通过设置节点 body 约束建立刚体模型,采用竖向刚度一致的 Rubber Isolator 单元模拟橡胶支座竖向拉压刚度一致情况,采用 Rubber Isolator 单元和 Gap 单元并联的方式模拟橡胶支座竖向拉压刚度不一致（在模拟橡胶支座竖向拉压刚度不一致时,Gap 单元竖向刚度取为 Rubber Isolator 单元的 9 倍,以实现橡胶支座的受拉刚度是受压刚度的 1/10）。

正向输入与负向输入如图 2-12 所示,并根据上部结构是刚性体还是弹性体、与橡胶支座是否考虑拉压刚度一致两个条件分别建立正向输入-刚体-拉压刚度一致模型、正向输入-刚体-拉压刚度不一致模型、负向输入-刚体-拉压刚度一致模型和负向输入-刚体-拉压刚度不一致模型 4 个模型。为便于表述,4个模型分别用 R-L-P、R-NL-P、R-L-N、R-NL-N 代表。

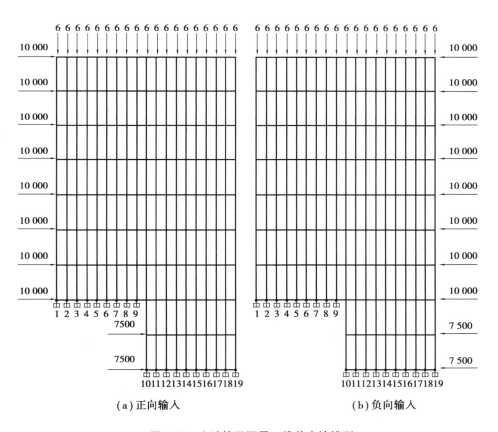

（a）正向输入　　　　　　　　　（b）负向输入

图 2-12　山地掉层隔震二维剪力墙模型

对上述 4 个模型分别进行静力非线性分析,橡胶隔震支座竖向力分布规律如图 2-13 和图 2-14 所示。

由图 2-13 和图 2-14 可知,上述 4 个模型在受拉区和受压区橡胶支座竖向力分布均呈线性分布,其中 R-L-P 和 R-L-N 两模型受拉区和受压区斜率相同,R-NL-P 和 R-NL-N 两模型受拉区长度明显小于受压区长度;橡胶支座竖向力在掉层处连续,竖向力分布斜率在掉层处未发生改变,仅位置发生上下错动,受拉区长度与受压区长度之和与结构总宽度相等。

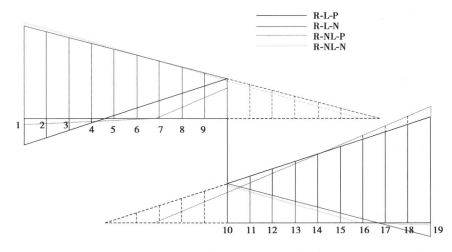

图 2-13　橡胶隔震支座竖向力分布

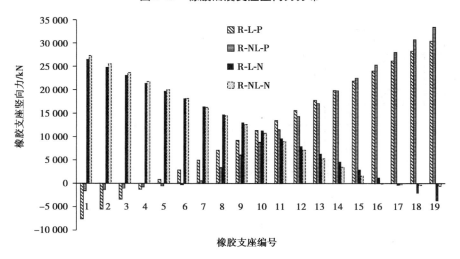

图 2-14　橡胶隔震支座竖向力

综上,可以得出以下结论:

①橡胶支座竖向拉压刚度一致与否对山地掉层隔震结构在水平地震和结构自重共同作用下橡胶拉力的分布影响很大,但对压力分布影响较小。

②在水平地震作用和结构自重共同作用下,山地掉层隔震隔震结构上下接地隔震层绕转动中心发生微小转动,转动中心将上接地、下接地隔震层划分为受拉区和受压区,受拉区和受压区的长度之和与结构总宽度相等,在受拉区与受压区橡胶支座的拉、压应力分布均呈线性分布,受压区斜率大于受拉区斜率。

③隔震层橡胶支座的竖向拉、压力分布与掉层宽度及高度无关,橡胶支座竖向应力在掉层处连续,竖向应力分布的斜率在掉层处不发生改变,仅位置发生上下错动。

当研究山地掉层隔震结构顺坡向倾覆失效机理时应计入橡胶支座竖向拉压刚度不一致对橡胶支座竖向应力分布的影响,且在推导山地掉层隔震结构顺坡向倾覆失效机理的过程中假定上部结构为刚体。

2.3.2　竖向拉压刚度一致

当考虑山地掉层隔震结构橡胶支座竖向拉压刚度一致时,由于掉层结构的影响,其顺坡向倾覆失效机理与基础隔震有所不同,其倾覆失效与地震动输入的方向有关。假定以倾覆力矩顺时针方向和水平地震作用向右为正,则山地掉层隔震结构顺坡向倾覆失效可分为正向正倾覆失效、负向正倾覆失效、正向负倾覆失效及负向负倾覆失效 4 种情况,如图 2-15 所示,其中正向正倾覆失效和负向负倾覆失效两种情况为山地掉层隔震结构顺坡向倾覆失效的最不利情况。

令 l_1 为受拉区长度,σ_1、σ_2 分别为山地掉层隔震结构在水平地震和结构自重共同作用下橡胶支座最大拉应力和最大压应力,令高度比 $\alpha = \dfrac{h}{H}$,宽度比 $\beta = \dfrac{a}{b}$,令 φ 为受拉区长度与受压区长度比,即 $\varphi = \dfrac{l_1}{b - l_1}$,分别按正向正倾覆失效和负向负倾覆失效两种情况对山地掉层隔震结构顺坡向倾覆失效机理进行理论推导。

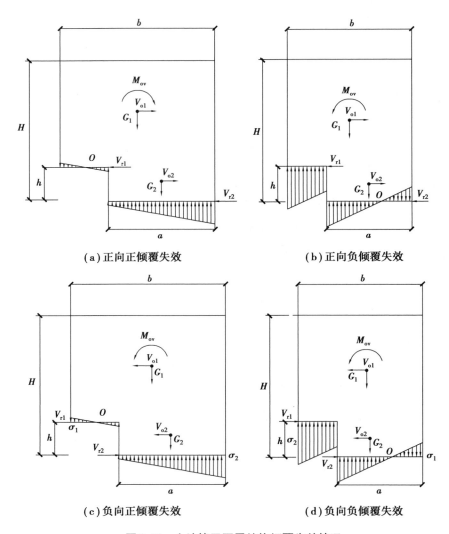

（a）正向正倾覆失效 　　　　　（b）正向负倾覆失效

（c）负向正倾覆失效 　　　　　（d）负向负倾覆失效

图 2-15　山地掉层隔震结构倾覆失效情况

1）正向正倾覆失效机理

当转动中心位于上接地层时，如图 2-16（a）所示，此时满足条件 $l_1 < b-a$，对其化简得：

$$\frac{\varphi}{1+\varphi} < 1-\beta \qquad (2-25)$$

当转动中心位于上接地层时,如图 2-16(b)所示,此时满足条件 $l_1 > b-a$,对其化简得:

$$\frac{\varphi}{1+\varphi} > 1-\beta \tag{2-26}$$

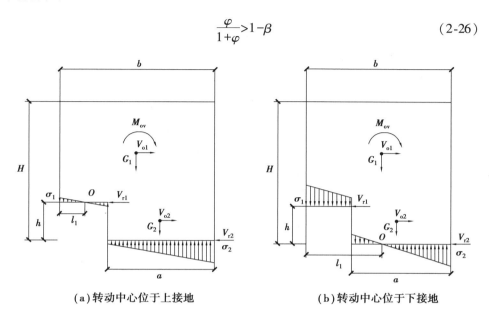

（a）转动中心位于上接地　　　　（b）转动中心位于下接地

图 2-16　正向正倾覆失效情况

当 $l_1 < b-a$ 时,如图 2-16(a)所示,对转动中心 O 取矩,由 $\sum M = 0$ 得:

$$V_{o1}\left(\frac{H-h}{2}\right) + G_1\left(\frac{b}{2} - l_1\right) - V_{o2}\frac{h}{2} + G_2\left(b - l_1 - \frac{a}{2}\right) + V_{r2}h - \frac{1}{3}\left[\sigma_1 l_1^2 + \sigma_2(b-l_1)^2\right] = 0 \tag{2-27}$$

由于上部结构质量分布均匀,因此可得到:

$$\frac{m_1}{m} = \frac{b(H-h)}{Hb - (b-a)h} = \frac{1-\alpha}{1 - \alpha(1-\beta)} \tag{2-28}$$

$$\frac{m_2}{m} = 1 - \frac{m_1}{m} = \frac{\alpha\beta}{1 - \alpha(1-\beta)} \tag{2-29}$$

当山地掉层隔震结构在受水平地震力和倾覆力矩作用时,由 $\sum F_V = 0$ 得:

$$G_1 + G_2 + \frac{1}{2}K_V\theta l_1^2 = \frac{1}{2}K_V\theta(b-l_1)^2 \tag{2-30}$$

根据式（2-30）可得：

$$\varphi^2 = 1 - \frac{2(1+\varphi)(G_1+G_2)}{\sigma_2 b} = 1 - \frac{2(1+\varphi)G}{\sigma_2 b} = 1 - \frac{2(1+\varphi)}{\sigma_2} \cdot \sigma_0 \qquad (2-31)$$

假定隔震层水平剪力按隔震层等效水平刚度分配，令 η 为上接地隔震层与下接地隔震层等效水平刚度比，即 $\frac{K_{h1}}{K_{h2}} = \eta$（式中，$K_{h1}$ 为上接地隔震层等效水平刚度；K_{h2} 为下接地隔震层等效水平刚度），令 $a_1 = a_2 = a_0$，则 $V_{o1} = m_1 a_0$，$V_{o2} = m_2 a_0$，由以上条件可得：

$$V_{r1} = (m_1+m_2)a_0 \cdot \frac{1}{1+\eta} = ma_0 \cdot \frac{1}{1+\eta} \qquad (2-32)$$

$$V_{r2} = (m_1+m_2)a_0 \cdot \frac{\eta}{1+\eta} = ma_0 \cdot \frac{\eta}{1+\eta} \qquad (2-33)$$

式中，m 为山地掉层隔震结构总质量。

由式（2-25）、式（2-27）、式（2-28）、式（2-29）、式（2-30）、式（2-31）、式（2-32）及式（2-33）联合可得：

$$\begin{cases} \dfrac{\varphi}{1+\varphi} < 1-\beta \\[3mm] \varphi^2 = 1 - \dfrac{2}{\dfrac{3}{2} \cdot k\left[\dfrac{1-2\alpha+\alpha^2(1-\beta)}{1-\alpha(1-\beta)} + \dfrac{2\alpha\eta}{1+\eta}\right]\dfrac{H}{b} + \dfrac{3}{2} \cdot \dfrac{1-\alpha(1-\beta)^2}{1-\alpha(1-\beta)} - \dfrac{\varphi}{1+\varphi}} \\[3mm] \sigma_1 = \sigma_0\left\{\dfrac{3}{2} \cdot k\left[\dfrac{1-2\alpha+\alpha^2(1-\beta)}{1-\alpha(1-\beta)} + \dfrac{2\alpha\eta}{1+\eta}\right]\left(1+\dfrac{1}{\varphi}\right)\dfrac{H}{b} + \dfrac{3}{2} \cdot \dfrac{1-\alpha(1-\beta)^2}{1-\alpha(1-\beta)}\left(1+\dfrac{1}{\varphi}\right) - \dfrac{2}{\varphi} - 3\right\} \\[3mm] \sigma_2 = \sigma_0\left\{\dfrac{3}{2} \cdot k\left[\dfrac{1-2\alpha+\alpha^2(1-\beta)}{1-\alpha(1-\beta)} + \dfrac{2\alpha\eta}{1+\eta}\right](1+\varphi)\dfrac{H}{b} + \dfrac{3}{2} \cdot \dfrac{1-\alpha(1-\beta)^2}{1-\alpha(1-\beta)}(1+\varphi) - \varphi\right\} \end{cases}$$

$$(2-34)$$

根据《建筑抗震设计规范》（GB 50011—2010）的规定，山地掉层隔震结构顺坡向不发生正向正倾覆失效的条件为：

$$\sigma_1 < 1.0 \text{ MPa}$$

且

$$\sigma_2 < 30 \text{ MPa}$$

因此山地掉层隔震结构顺坡向不发生正向正倾覆失效的条件为：

$$
\begin{cases}
\dfrac{\varphi}{1+\varphi} < 1-\beta \\[4mm]
\varphi^2 = 1 - \dfrac{2}{\dfrac{3}{2} \cdot k \left[\dfrac{1-2\alpha+\alpha^2(1-\beta)}{1-\alpha(1-\beta)} + \dfrac{2\alpha\eta}{1+\eta} \right] \dfrac{H}{b} + \dfrac{3}{2} \cdot \dfrac{1-\alpha(1-\beta)^2}{1-\alpha(1-\beta)} - \dfrac{\varphi}{1+\varphi}} \\[6mm]
\dfrac{3}{2} \cdot k \left[\dfrac{1-2\alpha+\alpha^2(1-\beta)}{1-\alpha(1-\beta)} + \dfrac{2\alpha\eta}{1+\eta} \right] \left(1+\dfrac{1}{\varphi} \right) \dfrac{H}{b} + \dfrac{3}{2} \cdot \dfrac{1-\alpha(1-\beta)^2}{1-\alpha(1-\beta)} \left(1+\dfrac{1}{\varphi} \right) - \dfrac{2}{\varphi} - 3 < \dfrac{1}{\sigma_0}
\end{cases}
$$

$$(2\text{-}35)$$

且

$$
\begin{cases}
\dfrac{\varphi}{1+\varphi} < 1-\beta \\[4mm]
\varphi^2 = 1 - \dfrac{2}{\dfrac{3}{2} \cdot k \left[\dfrac{1-2\alpha+\alpha^2(1-\beta)}{1-\alpha(1-\beta)} + \dfrac{2\alpha\eta}{1+\eta} \right] \dfrac{H}{b} + \dfrac{3}{2} \cdot \dfrac{1-\alpha(1-\beta)^2}{1-\alpha(1-\beta)} - \dfrac{\varphi}{1+\varphi}} \\[6mm]
\dfrac{3}{2} \cdot k \left[\dfrac{1-2\alpha+\alpha^2(1-\beta)}{1-\alpha(1-\beta)} + \dfrac{2\alpha\eta}{1+\eta} \right] (1+\varphi) \dfrac{H}{b} + \dfrac{3}{2} \cdot \dfrac{1-\alpha(1-\beta)^2}{1-\alpha(1-\beta)} (1+\varphi) - \varphi < \dfrac{30}{\sigma_0}
\end{cases}
$$

$$(2\text{-}36)$$

当 $\sigma_1 = 1.0$ MPa 或 $\sigma_2 = 30$ MPa 时取得临界值，此时满足：

$$
\begin{cases}
\dfrac{\varphi}{1+\varphi} < 1-\beta \\[4mm]
\varphi^2 = 1 - \dfrac{2}{\dfrac{3}{2} \cdot k \left[\dfrac{1-2\alpha+\alpha^2(1-\beta)}{1-\alpha(1-\beta)} + \dfrac{2\alpha\eta}{1+\eta} \right] \dfrac{H}{b} + \dfrac{3}{2} \cdot \dfrac{1-\alpha(1-\beta)^2}{1-\alpha(1-\beta)} - \dfrac{\varphi}{1+\varphi}} \\[6mm]
\dfrac{3}{2} \cdot k \left[\dfrac{1-2\alpha+\alpha^2(1-\beta)}{1-\alpha(1-\beta)} + \dfrac{2\alpha\eta}{1+\eta} \right] \left(1+\dfrac{1}{\varphi} \right) \dfrac{H}{b} + \dfrac{3}{2} \cdot \dfrac{1-\alpha(1-\beta)^2}{1-\alpha(1-\beta)} \left(1+\dfrac{1}{\varphi} \right) - \dfrac{2}{\varphi} - 3 = \dfrac{1}{\sigma_0}
\end{cases}
$$

$$(2\text{-}37)$$

或者

$$\begin{cases} \dfrac{\varphi}{1+\varphi} < 1-\beta \\[2mm] \varphi^2 = 1 - \dfrac{2}{\dfrac{3}{2}\cdot k\left[\dfrac{1-2\alpha+\alpha^2(1-\beta)}{1-\alpha(1-\beta)}+\dfrac{2\alpha\eta}{1+\eta}\right]\dfrac{H}{b}+\dfrac{3}{2}\cdot\dfrac{1-\alpha(1-\beta)^2}{1-\alpha(1-\beta)}-\dfrac{\varphi}{1+\varphi}} \\[4mm] \dfrac{3}{2}\cdot k\left[\dfrac{1-2\alpha+\alpha^2(1-\beta)}{1-\alpha(1-\beta)}+\dfrac{2\alpha\eta}{1+\eta}\right](1+\varphi)\dfrac{H}{b}+\dfrac{3}{2}\cdot\dfrac{1-\alpha(1-\beta)^2}{1-\alpha(1-\beta)}(1+\varphi)-\varphi=\dfrac{30}{\sigma_0} \end{cases}$$

$$(2\text{-}38)$$

分别用式（2-37）和式（2-38）计算得出 $l_1<b-a$ 时的名义高宽比限值 $\left[\dfrac{H}{b}\right]$，取两者中的较小值作为山地掉层隔震结构在 $l_1<b-a$ 时顺坡向正向正倾覆情况下的名义高宽比限值。

当 $l_1>b-a$ 时，如图 2-16（b）所示，对转动中心 O 取矩，由 $\sum M=0$ 得：

$$V_{o1}\left(\frac{H+h}{2}\right)+G_1\left(\frac{b}{2}-l_1\right)+V_{o2}\frac{h}{2}+G_2\left(b-l_1-\frac{a}{2}\right)-V_{r1}h-\frac{1}{3}\left[\sigma_1 l_1^2+\sigma_2(b-l_1)^2\right]=0$$

$$(2\text{-}39)$$

由式（2-26）、式（2-28）、式（2-29）、式（2-30）、式（2-31）、式（2-32）、式（2-33）、式（2-34）联合可得：

$$\begin{cases} \dfrac{\varphi}{1+\varphi} > 1-\beta \\[2mm] \varphi^2 = 1 - \dfrac{2}{\dfrac{3}{2}\cdot k\left[\dfrac{1-\alpha^2(1-\beta)}{1-\alpha(1-\beta)}-\dfrac{2\alpha}{1+\eta}\right]\dfrac{H}{b}-\dfrac{1}{2}\cdot\dfrac{1-\alpha(1+3\beta)(1-\beta)}{1-\alpha(1-\beta)}+\dfrac{\varphi}{1+\varphi}} \\[4mm] \sigma_1 = \sigma_0\left\{\dfrac{3}{2}\cdot k\left[\dfrac{1-\alpha^2(1-\beta)}{1-\alpha(1-\beta)}-\dfrac{2\alpha}{1+\eta}\right]\left(1+\dfrac{1}{\varphi}\right)\dfrac{H}{b}-\dfrac{1}{2}\cdot\dfrac{1-\alpha(1+3\beta)(1-\beta)}{1-\alpha(1-\beta)}\left(1+\dfrac{1}{\varphi}\right)-\dfrac{2}{\varphi}-1\right\} \\[4mm] \sigma_2 = \sigma_0\left\{\dfrac{3}{2}\cdot k\left[\dfrac{1-\alpha^2(1-\beta)}{1-\alpha(1-\beta)}-\dfrac{2\alpha}{1+\eta}\right](1+\varphi)\dfrac{H}{b}-\dfrac{1}{2}\cdot\dfrac{1-\alpha(1+3\beta)(1-\beta)}{1-\alpha(1-\beta)}(1+\varphi)+\varphi\right\} \end{cases}$$

$$(2\text{-}40)$$

根据《建筑抗震设计规范》（GB 50011—2010）的规定，山地掉层隔震结构顺坡向不发生正向正倾覆失效的条件为：

$$\sigma_1 < 1.0\ \text{MPa}$$

且

$$\sigma_2 < 30\ \text{MPa}$$

因此山地掉层隔震结构顺坡向不发生正向正倾覆失效的条件为：

$$
\begin{cases}
\dfrac{\varphi}{1+\varphi} > 1-\beta \\[2mm]
\varphi^2 = 1 - \dfrac{2}{\dfrac{3}{2}\cdot k\left[\dfrac{1-\alpha^2(1-\beta)}{1-\alpha(1-\beta)}-\dfrac{2\alpha}{1+\eta}\right]\dfrac{H}{b}-\dfrac{1}{2}\cdot\dfrac{1-\alpha(1+3\beta)(1-\beta)}{1-\alpha(1-\beta)}+\dfrac{\varphi}{1+\varphi}} \\[4mm]
\dfrac{3}{2}\cdot k\left[\dfrac{1-\alpha^2(1-\beta)}{1-\alpha(1-\beta)}-\dfrac{2\alpha}{1+\eta}\right]\left(1+\dfrac{1}{\varphi}\right)\dfrac{H}{b}-\dfrac{1}{2}\cdot\dfrac{1-\alpha(1+3\beta)(1-\beta)}{1-\alpha(1-\beta)}\left(1+\dfrac{1}{\varphi}\right)-\dfrac{2}{\varphi}-1<\dfrac{1}{\sigma_0}
\end{cases}
$$

$$(2\text{-}41)$$

且

$$
\begin{cases}
\dfrac{\varphi}{1+\varphi} > 1-\beta \\[2mm]
\varphi^2 = 1 - \dfrac{2}{\dfrac{3}{2}\cdot k\left[\dfrac{1-\alpha^2(1-\beta)}{1-\alpha(1-\beta)}-\dfrac{2\alpha}{1+\eta}\right]\dfrac{H}{b}-\dfrac{1}{2}\cdot\dfrac{1-\alpha(1+3\beta)(1-\beta)}{1-\alpha(1-\beta)}+\dfrac{\varphi}{1+\varphi}} \\[4mm]
\dfrac{3}{2}\cdot k\left[\dfrac{1-\alpha^2(1-\beta)}{1-\alpha(1-\beta)}-\dfrac{2\alpha}{1+\eta}\right]\left(1+\varphi\right)\dfrac{H}{b}-\dfrac{1}{2}\cdot\dfrac{1-\alpha(1+3\beta)(1-\beta)}{1-\alpha(1-\beta)}\left(1+\varphi\right)+\varphi<\dfrac{30}{\sigma_0}
\end{cases}
$$

$$(2\text{-}42)$$

当 $\sigma_1 = 1.0\ \text{MPa}$ 或 $\sigma_2 = 30\ \text{MPa}$ 时取得临界值，此时满足：

$$
\begin{cases}
\dfrac{\varphi}{1+\varphi} > 1-\beta \\[2mm]
\varphi^2 = 1 - \dfrac{2}{\dfrac{3}{2}\cdot k\left[\dfrac{1-\alpha^2(1-\beta)}{1-\alpha(1-\beta)}-\dfrac{2\alpha}{1+\eta}\right]\dfrac{H}{b}-\dfrac{1}{2}\cdot\dfrac{1-\alpha(1+3\beta)(1-\beta)}{1-\alpha(1-\beta)}+\dfrac{\varphi}{1+\varphi}} \\[4mm]
\dfrac{3}{2}\cdot k\left[\dfrac{1-\alpha^2(1-\beta)}{1-\alpha(1-\beta)}-\dfrac{2\alpha}{1+\eta}\right]\left(1+\dfrac{1}{\varphi}\right)\dfrac{H}{b}-\dfrac{1}{2}\cdot\dfrac{1-\alpha(1+3\beta)(1-\beta)}{1-\alpha(1-\beta)}\left(1+\dfrac{1}{\varphi}\right)-\dfrac{2}{\varphi}-1=\dfrac{1}{\sigma_0}
\end{cases}
$$

$$(2\text{-}43)$$

或者

$$
\begin{cases}
\dfrac{\varphi}{1+\varphi}>1-\beta \\[4mm]
\varphi^2=1-\dfrac{2}{\dfrac{3}{2}\cdot k\left[\dfrac{1-\alpha^2(1-\beta)}{1-\alpha(1-\beta)}-\dfrac{2\alpha}{1+\eta}\right]\dfrac{H}{b}-\dfrac{1}{2}\cdot\dfrac{1-\alpha(1+3\beta)(1-\beta)}{1-\alpha(1-\beta)}+\dfrac{\varphi}{1+\varphi}} \\[6mm]
\dfrac{3}{2}\cdot k\left[\dfrac{1-\alpha^2(1-\beta)}{1-\alpha(1-\beta)}-\dfrac{2\alpha}{1+\eta}\right](1+\varphi)\dfrac{H}{b}-\dfrac{1}{2}\cdot\dfrac{1-\alpha(1+3\beta)(1-\beta)}{1-\alpha(1-\beta)}(1+\varphi)+\varphi=\dfrac{30}{\sigma_0}
\end{cases}
$$

$$(2\text{-}44)$$

分别用式（2-43）和式（2-44）计算得出 $l_1>b-a$ 时的名义高宽比限值 $\left[\dfrac{H}{b}\right]$，取两者中的较小值作为山地掉层隔震结构在 $l_1>b-a$ 时顺坡向正向正倾覆情况下的名义高宽比限值。

2）负向负倾覆失效机理

当转动中心位于下接地层时，如图 2-17（a）所示，此时满足条件 $l_1<a$，对其化简得：

$$\frac{\varphi}{1+\varphi}<\beta \qquad (2\text{-}45)$$

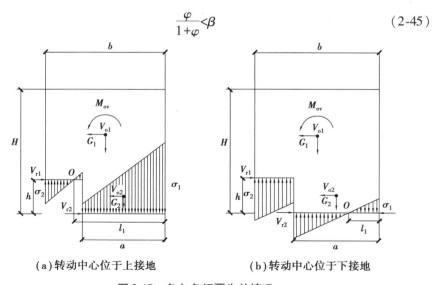

（a）转动中心位于上接地　　　　　（b）转动中心位于下接地

图 2-17　负向负倾覆失效情况

当转动中心位于上接地层时,如图 2-17(b)所示,此时满足条件 $l_1>a$,对其化简得:

$$\frac{\varphi}{1+\varphi}>\beta \tag{2-46}$$

当 $l_1<a$ 时,如图 2-17(a)所示,对转动中心 O 取矩,由 $\sum M=0$ 得:

$$-V_{o1}\left(\frac{H+h}{2}\right)-G_1\left(\frac{b}{2}-l_1\right)-V_{o2}\frac{h}{2}-G_2\left(\frac{a}{2}-l_1\right)+V_{r1}h+\frac{1}{3}\left[\sigma_1 l_1^2+\sigma_2(b-l_1)^2\right]=0 \tag{2-47}$$

由式(2-28)、式(2-29)、式(2-30)、式(2-31)、式(2-32)、式(2-33)、式(2-47)联合得:

$$\begin{cases} \dfrac{\varphi}{1+\varphi}<\beta \\[3mm] \varphi^2=1-\dfrac{2}{\dfrac{3}{2}\cdot k\left[\dfrac{1-\alpha^2(1-\beta)}{1-\alpha(1-\beta)}-\dfrac{2\alpha}{1+\eta}\right]\dfrac{H}{b}+\dfrac{3}{2}\cdot\dfrac{1-\alpha(1-\beta^2)}{1-\alpha(1-\beta)}-\dfrac{\varphi}{1+\varphi}} \\[3mm] \sigma_1=\sigma_0\left\{\dfrac{3}{2}\cdot k\left[\dfrac{1-\alpha^2(1-\beta)}{1-\alpha(1-\beta)}-\dfrac{2\alpha}{1+\eta}\right]\left(1+\dfrac{1}{\varphi}\right)\dfrac{H}{b}+\dfrac{3}{2}\cdot\dfrac{1-\alpha(1-\beta^2)}{1-\alpha(1-\beta)}\left(1+\dfrac{1}{\varphi}\right)-\dfrac{2}{\varphi}-3\right\} \\[3mm] \sigma_2=\sigma_0\left\{\dfrac{3}{2}\cdot k\left[\dfrac{1-\alpha^2(1-\beta)}{1-\alpha(1-\beta)}-\dfrac{2\alpha}{1+\eta}\right](1+\varphi)\dfrac{H}{b}+\dfrac{3}{2}\cdot\dfrac{1-\alpha(1-\beta^2)}{1-\alpha(1-\beta)}(1+\varphi)-\varphi\right\} \end{cases} \tag{2-48}$$

根据《建筑抗震设计规范》(GB 50011—2010)的规定,山地掉层隔震结构顺坡向不发生负向负倾覆失效的条件为:

$$\sigma_1<1.0\text{ MPa}$$

且

$$\sigma_2<30\text{ MPa}$$

因此山地掉层隔震结构顺坡向不发生负向负倾覆失效的条件为:

$$\begin{cases} \dfrac{\varphi}{1+\varphi}<\beta \\[2mm] \varphi^2=1-\dfrac{2}{\dfrac{3}{2}\cdot k\left[\dfrac{1-\alpha^2(1-\beta)}{1-\alpha(1-\beta)}-\dfrac{2\alpha}{1+\eta}\right]\dfrac{H}{b}+\dfrac{3}{2}\cdot\dfrac{1-\alpha(1-\beta^2)}{1-\alpha(1-\beta)}-\dfrac{\varphi}{1+\varphi}} \\[4mm] \dfrac{3}{2}\cdot k\left[\dfrac{1-\alpha^2(1-\beta)}{1-\alpha(1-\beta)}-\dfrac{2\alpha}{1+\eta}\right]\left(1+\dfrac{1}{\varphi}\right)\dfrac{H}{b}+\dfrac{3}{2}\cdot\dfrac{1-\alpha(1-\beta^2)}{1-\alpha(1-\beta)}\left(1+\dfrac{1}{\varphi}\right)-\dfrac{2}{\varphi}-3<\dfrac{1}{\sigma_0} \end{cases}$$

$$(2\text{-}49)$$

且

$$\begin{cases} \dfrac{\varphi}{1+\varphi}<\beta \\[2mm] \varphi^2=1-\dfrac{2}{\dfrac{3}{2}\cdot k\left[\dfrac{1-\alpha^2(1-\beta)}{1-\alpha(1-\beta)}-\dfrac{2\alpha}{1+\eta}\right]\dfrac{H}{b}+\dfrac{3}{2}\cdot\dfrac{1-\alpha(1-\beta^2)}{1-\alpha(1-\beta)}-\dfrac{\varphi}{1+\varphi}} \\[4mm] \dfrac{3}{2}\cdot k\left[\dfrac{1-\alpha^2(1-\beta)}{1-\alpha(1-\beta)}-\dfrac{2\alpha}{1+\eta}\right](1+\varphi)\dfrac{H}{b}+\dfrac{3}{2}\cdot\dfrac{1-\alpha(1-\beta^2)}{1-\alpha(1-\beta)}(1+\varphi)-\varphi<\dfrac{30}{\sigma_0} \end{cases}$$

$$(2\text{-}50)$$

当 $\sigma_1=1.0$ MPa 或 $\sigma_2=30$ MPa 时取得临界值,此时满足:

$$\begin{cases} \dfrac{\varphi}{1+\varphi}<\beta \\[2mm] \varphi^2=1-\dfrac{2}{\dfrac{3}{2}\cdot k\left[\dfrac{1-\alpha^2(1-\beta)}{1-\alpha(1-\beta)}-\dfrac{2\alpha}{1+\eta}\right]\dfrac{H}{b}+\dfrac{3}{2}\cdot\dfrac{1-\alpha(1-\beta^2)}{1-\alpha(1-\beta)}-\dfrac{\varphi}{1+\varphi}} \\[4mm] \dfrac{3}{2}\cdot k\left[\dfrac{1-\alpha^2(1-\beta)}{1-\alpha(1-\beta)}-\dfrac{2\alpha}{1+\eta}\right]\left(1+\dfrac{1}{\varphi}\right)\dfrac{H}{b}+\dfrac{3}{2}\cdot\dfrac{1-\alpha(1-\beta^2)}{1-\alpha(1-\beta)}\left(1+\dfrac{1}{\varphi}\right)-\dfrac{2}{\varphi}-3=\dfrac{1}{\sigma_0} \end{cases}$$

$$(2\text{-}51)$$

或者

$$\begin{cases} \dfrac{\varphi}{1+\varphi}<\beta \\[4mm] \varphi^2=1-\dfrac{2}{\dfrac{3}{2}\cdot k\left[\dfrac{1-\alpha^2(1-\beta)}{1-\alpha(1-\beta)}-\dfrac{2\alpha}{1+\eta}\right]\dfrac{H}{b}+\dfrac{3}{2}\cdot\dfrac{1-\alpha(1-\beta^2)}{1-\alpha(1-\beta)}-\dfrac{\varphi}{1+\varphi}} \\[8mm] \dfrac{3}{2}\cdot k\left[\dfrac{1-\alpha^2(1-\beta)}{1-\alpha(1-\beta)}-\dfrac{2\alpha}{1+\eta}\right](1+\varphi)\dfrac{H}{b}+\dfrac{3}{2}\cdot\dfrac{1-\alpha(1-\beta^2)}{1-\alpha(1-\beta)}(1+\varphi)-\varphi=\dfrac{30}{\sigma_0} \end{cases}$$

$$(2-52)$$

分别用式（2-51）和式（2-52）计算得出 $l_1<a$ 时的名义高宽比限值 $\left[\dfrac{H}{b}\right]$，取两者中的较小值作为山地掉层隔震结构在 $l_1<a$ 时负向负倾覆情况下名义高宽比限值。

当 $l_1>a$ 时，如图 2-17（b）所示，对转动中心 O 取矩，由 $\sum M=0$ 得：

$$-V_{o1}\left(\frac{H-h}{2}\right)+G_1\left(l_1-\frac{b}{2}\right)+V_{o2}\frac{h}{2}+G_2\left(l_1-\frac{a}{2}\right)-V_{r2}h+\frac{1}{3}\left[\sigma_1 l_1^2+\sigma_2(b-l_1)^2\right]=0$$

$$(2-53)$$

由式（2-28）、式（2-29）、式（2-30）、式（2-31）、式（2-32）、式（2-33）、式（2-53）联合可得：

$$\begin{cases} \dfrac{\varphi}{1+\varphi}>\beta \\[4mm] \varphi^2=1-\dfrac{2}{\dfrac{3}{2}\cdot k\left[\dfrac{1-2\alpha+\alpha^2(1-\beta)}{1-\alpha(1-\beta)}+\dfrac{2\eta\alpha}{1+\eta}\right]\dfrac{H}{b}+\dfrac{3}{2}\cdot\dfrac{1-\alpha(1-\beta^2)}{1-\alpha(1-\beta)}-\dfrac{\varphi}{1+\varphi}} \\[8mm] \sigma_1=\sigma_0\left\{\dfrac{3}{2}\cdot k\left[\dfrac{1-2\alpha+\alpha^2(1-\beta)}{1-\alpha(1-\beta)}+\dfrac{2\eta\alpha}{1+\eta}\right]\left(1+\dfrac{1}{\varphi}\right)\dfrac{H}{b}+\dfrac{3}{2}\cdot\dfrac{1-\alpha(1-\beta^2)}{1-\alpha(1-\beta)}\left(1+\dfrac{1}{\varphi}\right)-\dfrac{2}{\varphi}-3\right\} \\[8mm] \sigma_2=\sigma_0\left\{\dfrac{3}{2}\cdot k\left[\dfrac{1-2\alpha+\alpha^2(1-\beta)}{1-\alpha(1-\beta)}+\dfrac{2\eta\alpha}{1+\eta}\right](1+\varphi)\dfrac{H}{b}+\dfrac{3}{2}\cdot\dfrac{1-\alpha(1-\beta^2)}{1-\alpha(1-\beta)}(1+\varphi)-\varphi\right\} \end{cases}$$

$$(2-54)$$

根据《建筑抗震设计规范》（GB 50011—2010）的规定，山地掉层隔震结构顺坡向不发生负向负倾覆失效的条件为：

$$\sigma_1 < 1.0 \text{ MPa}$$

且

$$\sigma_2 < 30 \text{ MPa}$$

因此山地掉层隔震结构顺坡向不发生负向负倾覆失效的条件为：

$$
\begin{cases}
\dfrac{\varphi}{1+\varphi} > \beta \\[2mm]
\varphi^2 = 1 - \dfrac{2}{\dfrac{3}{2} \cdot k \left[\dfrac{1-2\alpha+\alpha^2(1-\beta)}{1-\alpha(1-\beta)} + \dfrac{2\eta\alpha}{1+\eta} \right] \dfrac{H}{b} + \dfrac{3}{2} \cdot \dfrac{1-\alpha(1-\beta^2)}{1-\alpha(1-\beta)} - \dfrac{\varphi}{1+\varphi}} \\[4mm]
\dfrac{3}{2} \cdot k \left[\dfrac{1-2\alpha+\alpha^2(1-\beta)}{1-\alpha(1-\beta)} + \dfrac{2\eta\alpha}{1+\eta} \right] \left(1+\dfrac{1}{\varphi}\right) \dfrac{H}{b} + \dfrac{3}{2} \cdot \dfrac{1-\alpha(1-\beta^2)}{1-\alpha(1-\beta)} \left(1+\dfrac{1}{\varphi}\right) - \dfrac{2}{\varphi} - 3 < \dfrac{1}{\sigma_0}
\end{cases}
$$

$$(2\text{-}55)$$

且

$$
\begin{cases}
\dfrac{\varphi}{1+\varphi} > \beta \\[2mm]
\varphi^2 = 1 - \dfrac{2}{\dfrac{3}{2} \cdot k \left[\dfrac{1-2\alpha+\alpha^2(1-\beta)}{1-\alpha(1-\beta)} + \dfrac{2\eta\alpha}{1+\eta} \right] \dfrac{H}{b} + \dfrac{3}{2} \cdot \dfrac{1-\alpha(1-\beta^2)}{1-\alpha(1-\beta)} - \dfrac{\varphi}{1+\varphi}} \\[4mm]
\dfrac{3}{2} \cdot k \left[\dfrac{1-2\alpha+\alpha^2(1-\beta)}{1-\alpha(1-\beta)} + \dfrac{2\eta\alpha}{1+\eta} \right] (1+\varphi) \dfrac{H}{b} + \dfrac{3}{2} \cdot \dfrac{1-\alpha(1-\beta^2)}{1-\alpha(1-\beta)} (1+\varphi) - \varphi < \dfrac{30}{\sigma_0}
\end{cases}
$$

$$(2\text{-}56)$$

当 $\sigma_1 = 1.0 \text{ MPa}$ 或 $\sigma_2 = 30 \text{ MPa}$ 时取得临界值，此时满足：

$$
\begin{cases}
\dfrac{\varphi}{1+\varphi} > \beta \\[2mm]
\varphi^2 = 1 - \dfrac{2}{\dfrac{3}{2} \cdot k \left[\dfrac{1-2\alpha+\alpha^2(1-\beta)}{1-\alpha(1-\beta)} + \dfrac{2\eta\alpha}{1+\eta} \right] \dfrac{H}{b} + \dfrac{3}{2} \cdot \dfrac{1-\alpha(1-\beta^2)}{1-\alpha(1-\beta)} - \dfrac{\varphi}{1+\varphi}} \\[4mm]
\dfrac{3}{2} \cdot k \left[\dfrac{1-2\alpha+\alpha^2(1-\beta)}{1-\alpha(1-\beta)} + \dfrac{2\eta\alpha}{1+\eta} \right] \left(1+\dfrac{1}{\varphi}\right) \dfrac{H}{b} + \dfrac{3}{2} \cdot \dfrac{1-\alpha(1-\beta^2)}{1-\alpha(1-\beta)} \left(1+\dfrac{1}{\varphi}\right) - \dfrac{2}{\varphi} - 3 = \dfrac{1}{\sigma_0}
\end{cases}
$$

$$(2\text{-}57)$$

或者

$$
\begin{cases}
\dfrac{\varphi}{1+\varphi} > \beta \\[2mm]
\varphi^2 = 1 - \dfrac{2}{\dfrac{3}{2} \cdot k \left[\dfrac{1-2\alpha+\alpha^2(1-\beta)}{1-\alpha(1-\beta)} + \dfrac{2\eta\alpha}{1+\eta} \right] \dfrac{H}{b} + \dfrac{3}{2} \cdot \dfrac{1-\alpha(1-\beta^2)}{1-\alpha(1-\beta)} - \dfrac{\varphi}{1+\varphi}} \\[4mm]
\dfrac{3}{2} \cdot k \left[\dfrac{1-2\alpha+\alpha^2(1-\beta)}{1-\alpha(1-\beta)} + \dfrac{2\eta\alpha}{1+\eta} \right] (1+\varphi)\dfrac{H}{b} + \dfrac{3}{2} \cdot \dfrac{1-\alpha(1-\beta^2)}{1-\alpha(1-\beta)}(1+\varphi) - \varphi = \dfrac{30}{\sigma_0}
\end{cases}
$$

$$(2\text{-}58)$$

分别用式（2-57）和式（2-58）计算得出 $l_1 > a$ 时的名义高宽比限值 $\left[\dfrac{H}{b}\right]$，取两者中的较小值作为山地掉层隔震结构在 $l_1 > a$ 时负向负倾覆情况下名义高宽比限值。

2.3.3　竖向拉压刚度不一致

当山地掉层隔震结构隔震层竖向拉压刚度不一致时,同样令 K_{Vt} 为隔震层受拉刚度, K_{Vp} 为隔震层受压刚度,则隔震层竖向拉压刚度比也为 γ,即:

$$
\gamma = \frac{K_{\mathrm{Vt}}}{K_{\mathrm{Vp}}} \tag{2-59}
$$

当山地掉层隔震结构橡胶支座竖向拉压刚度不一致时,同样假定以倾覆力矩顺时针方向和水平地震力向右为正,则山地掉层隔震结构顺坡向倾覆失效机制可分为正向正倾覆失效、负向正倾覆失效、正向负倾覆失效及负向负倾覆失效 4 种情况,如图 2-18 所示,其中正向正倾覆失效和负向负倾覆失效为山地掉层隔震结构顺坡向倾覆最不利情况。

令 l_1 为受拉区长度, σ_1、σ_2 分别为山地掉层隔震结构在水平地震和结构自重共同作用下橡胶支座最大拉应力和最大压应力;令高度比 $\alpha = \dfrac{h}{H}$,宽度比 $\beta =$

$\dfrac{a}{b}$；令 φ 为受拉区长度与受压区长度比，即 $\varphi = \dfrac{l_1}{b-l_1}$，分别按正向正倾覆失效和负向负倾覆失效两种情况对山地掉层隔震结构顺坡向倾覆失效机理进行理论推导。

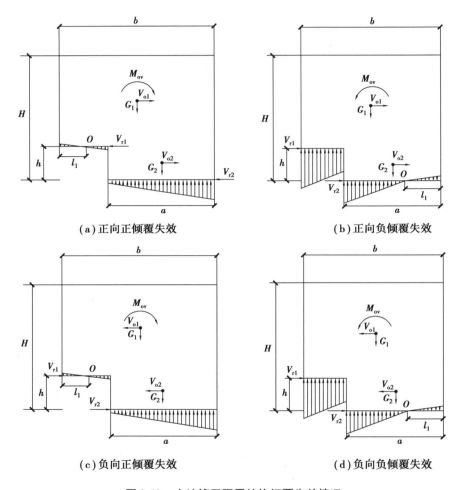

(a) 正向正倾覆失效　　　　　　　　　(b) 正向负倾覆失效

(c) 负向正倾覆失效　　　　　　　　　(d) 负向负倾覆失效

图 2-18　山地掉层隔震结构倾覆失效情况

1）正向正倾覆失效机理

当转动中心位于上接地层时，如图 2-19（a）所示，此时满足条件 $l_1 < b-a$，对其化简得：

$$\frac{\varphi}{1+\varphi}<1-\beta \tag{2-60}$$

当转动中心位于上接地层时,如图 2-19(b)所示,此时满足条件 $l_1>b-a$,对其化简得:

$$\frac{\varphi}{1+\varphi}>1-\beta \tag{2-61}$$

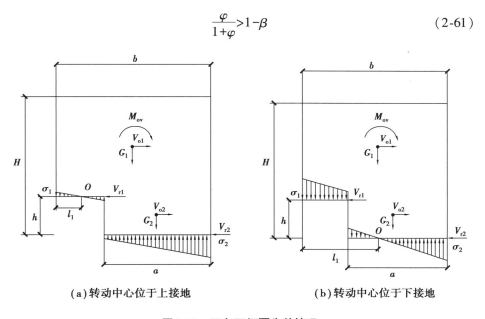

(a)转动中心位于上接地　　　　　　　(b)转动中心位于下接地

图 2-19　正向正倾覆失效情况

当 $l_1<b-a$ 时,如图 2-19(a)所示,对转动中心 O 取矩,由 $\sum M=0$ 得:

$$V_{o1}\left(\frac{H-h}{2}\right)+G_1\left(\frac{b}{2}-l_1\right)-V_{o2}\frac{h}{2}+G_2\left(b-l_1-\frac{a}{2}\right)+V_{r2}h-\frac{1}{3}\left[\sigma_1 l_1^2+\sigma_2(b-l_1)^2\right]=0 \tag{2-62}$$

当山地掉层隔震结构在受水平地震力和倾覆力矩作用时,由 $\sum F_V=0$ 得:

$$G_1+G_2+\frac{1}{2}K_{Vt}\theta l_1^2=\frac{1}{2}K_{Vp}\theta(b-l_1)^2 \tag{2-63}$$

式中　θ——隔震层转动角度。

其他参数同前文。

根据式(2-63)可得:

$$\varphi = \frac{l_1}{l_2} = \sqrt{\frac{K_{V\mathrm{p}}}{K_{V\mathrm{t}}} - \frac{2G}{(b-l_1)K_{V\mathrm{t}}\theta}} \tag{2-64}$$

由于 $\sigma_2 = (b-l_1)K_{V\mathrm{p}}\theta$，进一步化简式（2-64）得：

$$\varphi = \sqrt{\frac{K_{V\mathrm{p}}}{K_{V\mathrm{t}}} - \frac{2G}{\gamma(b-l_1)\sigma_2}} = \sqrt{\frac{1}{\gamma} - \frac{2G}{\gamma(b-l_1)\sigma_2}} \tag{2-65}$$

化简式（2-65）得：

$$\varphi^2 = \frac{1}{\gamma} - \frac{2(1+\varphi)(G_1+G_2)}{\gamma\sigma_2 b} = \frac{1}{\gamma} - \frac{2(1+\varphi)G}{\gamma\sigma_2 b} = \frac{1}{\gamma} - \frac{1}{\gamma} \cdot \frac{2(1+\varphi)}{\sigma_2} \cdot \sigma_0 \tag{2-66}$$

由式（2-28）、式（2-29）、式（2-33）、式（2-34）、式（2-61）、式（2-62）、式（2-63）及式（2-66）联合得：

$$
\begin{cases}
\dfrac{\varphi}{1+\varphi} < 1-\beta \\[3mm]
\varphi^2 = \dfrac{1}{\gamma}\left\{ 1 - \dfrac{2}{\dfrac{3}{2} \cdot k\left[\dfrac{1-2\alpha+\alpha^2(1-\beta)}{1-\alpha(1-\beta)} + \dfrac{2\alpha\eta}{1+\eta}\right]\dfrac{H}{b} + \dfrac{3}{2} \cdot \dfrac{1-\alpha(1-\beta)^2}{1-\alpha(1-\beta)} - \dfrac{\varphi}{1+\varphi}} \right\} \\[6mm]
\sigma_1 = \sigma_0\left\{ \dfrac{3}{2} \cdot k\left[\dfrac{1-2\alpha+\alpha^2(1-\beta)}{1-\alpha(1-\beta)} + \dfrac{2\alpha\eta}{1+\eta}\right]\left(1+\dfrac{1}{\varphi}\right)\dfrac{H}{b} + \dfrac{3}{2} \cdot \dfrac{1-\alpha(1-\beta)^2}{1-\alpha(1-\beta)}\left(1+\dfrac{1}{\varphi}\right) - \dfrac{2}{\varphi} - 3 \right\} \\[6mm]
\sigma_2 = \sigma_0\left\{ \dfrac{3}{2} \cdot k\left[\dfrac{1-2\alpha+\alpha^2(1-\beta)}{1-\alpha(1-\beta)} + \dfrac{2\alpha\eta}{1+\eta}\right](1+\varphi)\dfrac{H}{b} + \dfrac{3}{2} \cdot \dfrac{1-\alpha(1-\beta)^2}{1-\alpha(1-\beta)}(1+\varphi) - \varphi \right\}
\end{cases}
\tag{2-67}
$$

根据《建筑抗震设计规范》（GB 50011—2010）的规定，山地掉层隔震结构顺坡向不发生正向正倾覆失效的条件为：

$$\sigma_1 < 1.0\ \mathrm{MPa}$$

且

$$\sigma_2 < 30\ \mathrm{MPa}$$

因此山地掉层隔震结构顺坡向不发生正向正倾覆失效的条件为：

$$\begin{cases} \dfrac{\varphi}{1+\varphi}<1-\beta \\[4mm] \varphi^2=\dfrac{1}{\gamma}\left\{1-\dfrac{2}{\dfrac{3}{2}\cdot k\left[\dfrac{1-2\alpha+\alpha^2(1-\beta)}{1-\alpha(1-\beta)}+\dfrac{2\alpha\eta}{1+\eta}\right]\dfrac{H}{b}+\dfrac{3}{2}\cdot\dfrac{1-\alpha(1-\beta)^2}{1-\alpha(1-\beta)}-\dfrac{\varphi}{1+\varphi}}\right\} \\[6mm] \dfrac{3}{2}\cdot k\left[\dfrac{1-2\alpha+\alpha^2(1-\beta)}{1-\alpha(1-\beta)}+\dfrac{2\alpha\eta}{1+\eta}\right]\left(1+\dfrac{1}{\varphi}\right)\dfrac{H}{b}+\dfrac{3}{2}\cdot\dfrac{1-\alpha(1-\beta)^2}{1-\alpha(1-\beta)}\left(1+\dfrac{1}{\varphi}\right)-\dfrac{2}{\varphi}-3<\dfrac{1}{\sigma_0} \end{cases}$$

$$(2\text{-}68)$$

且

$$\begin{cases} \dfrac{\varphi}{1+\varphi}<1-\beta \\[4mm] \varphi^2=\dfrac{1}{\gamma}\left\{1-\dfrac{2}{\dfrac{3}{2}\cdot k\left[\dfrac{1-2\alpha+\alpha^2(1-\beta)}{1-\alpha(1-\beta)}+\dfrac{2\alpha\eta}{1+\eta}\right]\dfrac{H}{b}+\dfrac{3}{2}\cdot\dfrac{1-\alpha(1-\beta)^2}{1-\alpha(1-\beta)}-\dfrac{\varphi}{1+\varphi}}\right\} \\[6mm] \dfrac{3}{2}\cdot k\left[\dfrac{1-2\alpha+\alpha^2(1-\beta)}{1-\alpha(1-\beta)}+\dfrac{2\alpha\eta}{1+\eta}\right](1+\varphi)\dfrac{H}{b}+\dfrac{3}{2}\cdot\dfrac{1-\alpha(1-\beta)^2}{1-\alpha(1-\beta)}(1+\varphi)-\varphi<\dfrac{30}{\sigma_0} \end{cases}$$

$$(2\text{-}69)$$

当 $\sigma_1=1.0$ MPa 或 $\sigma_2=30$ MPa 时取得临界值,此时满足:

$$\begin{cases} \dfrac{\varphi}{1+\varphi}<1-\beta \\[4mm] \varphi^2=\dfrac{1}{\gamma}\left\{1-\dfrac{2}{\dfrac{3}{2}\cdot k\left[\dfrac{1-2\alpha+\alpha^2(1-\beta)}{1-\alpha(1-\beta)}+\dfrac{2\alpha\eta}{1+\eta}\right]\dfrac{H}{b}+\dfrac{3}{2}\cdot\dfrac{1-\alpha(1-\beta)^2}{1-\alpha(1-\beta)}-\dfrac{\varphi}{1+\varphi}}\right\} \\[6mm] \dfrac{3}{2}\cdot k\left[\dfrac{1-2\alpha+\alpha^2(1-\beta)}{1-\alpha(1-\beta)}+\dfrac{2\alpha\eta}{1+\eta}\right]\left(1+\dfrac{1}{\varphi}\right)\dfrac{H}{b}+\dfrac{3}{2}\cdot\dfrac{1-\alpha(1-\beta)^2}{1-\alpha(1-\beta)}\left(1+\dfrac{1}{\varphi}\right)-\dfrac{2}{\varphi}-3=\dfrac{1}{\sigma_0} \end{cases}$$

$$(2\text{-}70)$$

或者

$$
\begin{cases}
\dfrac{\varphi}{1+\varphi}<1-\beta \\[4mm]
\varphi^2=\dfrac{1}{\gamma}\left\{1-\dfrac{2}{\dfrac{3}{2}\cdot k\left[\dfrac{1-2\alpha+\alpha^2(1-\beta)}{1-\alpha(1-\beta)}+\dfrac{2\alpha\eta}{1+\eta}\right]\dfrac{H}{b}+\dfrac{3}{2}\cdot\dfrac{1-\alpha(1-\beta)^2}{1-\alpha(1-\beta)}-\dfrac{\varphi}{1+\varphi}}\right\} \\[8mm]
\dfrac{3}{2}\cdot k\left[\dfrac{1-2\alpha+\alpha^2(1-\beta)}{1-\alpha(1-\beta)}+\dfrac{2\alpha\eta}{1+\eta}\right](1+\varphi)\dfrac{H}{b}+\dfrac{3}{2}\cdot\dfrac{1-\alpha(1-\beta)^2}{1-\alpha(1-\beta)}(1+\varphi)-\varphi=\dfrac{30}{\sigma_0}
\end{cases}
$$

$$(2\text{-}71)$$

分别用式(2-70)和式(2-71)计算得出 $l_1<b-a$ 时的名义高宽比限值 $\left[\dfrac{H}{b}\right]$，取两者中的较小值作为山地掉层隔震结构在 $l_1<b-a$ 时正向正倾覆情况下的名义高宽比限值。

当 $l_1>b-a$ 时，如图 2-19（b）所示，对转动中心 O 取矩，由 $\sum M=0$ 得：

$$
V_{o1}\left(\frac{H+h}{2}\right)+G_1\left(\frac{b}{2}-l_1\right)+V_{o2}\frac{h}{2}+G_2\left(b-l_1-\frac{a}{2}\right)-V_{r1}h-\frac{1}{3}\left[\sigma_1 l_1^2+\sigma_2(b-l_1)^2\right]=0
$$

$$(2\text{-}72)$$

由式（2-28）、式（2-29）、式（2-33）、式（2-34）、式（2-62）、式（2-63）、式（2-65）及式（2-72）联合得：

$$
\begin{cases}
\dfrac{\varphi}{1+\varphi}>1-\beta \\[4mm]
\varphi^2=\dfrac{1}{\gamma}\left\{1-\dfrac{2}{\dfrac{3}{2}\cdot k\left[\dfrac{1-\alpha^2(1-\beta)}{1-\alpha(1-\beta)}-\dfrac{2\alpha}{1+\eta}\right]\dfrac{H}{b}-\dfrac{1}{2}\cdot\dfrac{1-\alpha(1+3\beta)(1-\beta)}{1-\alpha(1-\beta)}+\dfrac{\varphi}{1+\varphi}}\right\} \\[8mm]
\sigma_1=\sigma_0\left\{\dfrac{3}{2}\cdot k\left[\dfrac{1-\alpha^2(1-\beta)}{1-\alpha(1-\beta)}-\dfrac{2\alpha}{1+\eta}\right]\left(1+\dfrac{1}{\varphi}\right)\dfrac{H}{b}-\dfrac{1}{2}\cdot\dfrac{1-\alpha(1+3\beta)(1-\beta)}{1-\alpha(1-\beta)}\left(1+\dfrac{1}{\varphi}\right)-\dfrac{2}{\varphi}-1\right\} \\[8mm]
\sigma_2=\sigma_0\left\{\dfrac{3}{2}\cdot k\left[\dfrac{1-\alpha^2(1-\beta)}{1-\alpha(1-\beta)}-\dfrac{2\alpha}{1+\eta}\right](1+\varphi)\dfrac{H}{b}-\dfrac{1}{2}\cdot\dfrac{1-\alpha(1+3\beta)(1-\beta)}{1-\alpha(1-\beta)}(1+\varphi)+\varphi\right\}
\end{cases}
$$

$$(2\text{-}73)$$

根据《建筑抗震设计规范》(GB 50011—2010)规定,山地掉层隔震结构顺坡向不发生正向正倾覆失效的条件为:

$$\sigma_1 < 1.0 \text{ MPa}$$

且

$$\sigma_2 < 30 \text{ MPa}$$

因此山地掉层隔震结构不发生顺坡向正向正倾覆失效的条件为:

$$\begin{cases} \dfrac{\varphi}{1+\varphi} > 1-\beta \\[3mm] \varphi^2 = \dfrac{1}{\gamma}\left\{1 - \dfrac{2}{\dfrac{3}{2} \cdot k\left[\dfrac{1-\alpha^2(1-\beta)}{1-\alpha(1-\beta)} - \dfrac{2\alpha}{1+\eta}\right]\dfrac{H}{b} - \dfrac{1}{2} \cdot \dfrac{1-\alpha(1+3\beta)(1-\beta)}{1-\alpha(1-\beta)} + \dfrac{\varphi}{1+\varphi}}\right\} \\[5mm] \dfrac{3}{2} \cdot k\left[\dfrac{1-\alpha^2(1-\beta)}{1-\alpha(1-\beta)} - \dfrac{2\alpha}{1+\eta}\right]\left(1+\dfrac{1}{\varphi}\right)\dfrac{H}{b} - \dfrac{1}{2} \cdot \dfrac{1-\alpha(1+3\beta)(1-\beta)}{1-\alpha(1-\beta)}\left(1+\dfrac{1}{\varphi}\right) - \dfrac{2}{\varphi} - 1 < \dfrac{1}{\sigma_0} \end{cases}$$

$$(2\text{-}74)$$

且

$$\begin{cases} \dfrac{\varphi}{1+\varphi} > 1-\beta \\[3mm] \varphi^2 = \dfrac{1}{\gamma}\left\{1 - \dfrac{2}{\dfrac{3}{2} \cdot k\left[\dfrac{1-\alpha^2(1-\beta)}{1-\alpha(1-\beta)} - \dfrac{2\alpha}{1+\eta}\right]\dfrac{H}{b} - \dfrac{1}{2} \cdot \dfrac{1-\alpha(1+3\beta)(1-\beta)}{1-\alpha(1-\beta)} + \dfrac{\varphi}{1+\varphi}}\right\} \\[5mm] \dfrac{3}{2} \cdot k\left[\dfrac{1-\alpha^2(1-\beta)}{1-\alpha(1-\beta)} - \dfrac{2\alpha}{1+\eta}\right](1+\varphi)\dfrac{H}{b} - \dfrac{1}{2} \cdot \dfrac{1-\alpha(1+3\beta)(1-\beta)}{1-\alpha(1-\beta)}(1+\varphi) + \varphi < \dfrac{30}{\sigma_0} \end{cases}$$

$$(2\text{-}75)$$

当 $\sigma_1 = 1.0$ MPa 或 $\sigma_2 = 30$ MPa 时取得临界值,此时满足:

$$\begin{cases} \dfrac{\varphi}{1+\varphi}>1-\beta \\[3mm] \varphi^2=\dfrac{1}{\gamma}\left\{1-\dfrac{2}{\dfrac{3}{2}\cdot k\left[\dfrac{1-\alpha^2(1-\beta)}{1-\alpha(1-\beta)}-\dfrac{2\alpha}{1+\eta}\right]\dfrac{H}{b}-\dfrac{1}{2}\cdot\dfrac{1-\alpha(1+3\beta)(1-\beta)}{1-\alpha(1-\beta)}+\dfrac{\varphi}{1+\varphi}}\right\} \\[6mm] \dfrac{3}{2}\cdot k\left[\dfrac{1-\alpha^2(1-\beta)}{1-\alpha(1-\beta)}-\dfrac{2\alpha}{1+\eta}\right]\left(1+\dfrac{1}{\varphi}\right)\dfrac{H}{b}-\dfrac{1}{2}\cdot\dfrac{1-\alpha(1+3\beta)(1-\beta)}{1-\alpha(1-\beta)}\left(1+\dfrac{1}{\varphi}\right)-\dfrac{2}{\varphi}-1=\dfrac{1}{\sigma_0} \end{cases}$$

$$(2\text{-}76)$$

或者

$$\begin{cases} \dfrac{\varphi}{1+\varphi}>1-\beta \\[3mm] \varphi^2=\dfrac{1}{\gamma}\left\{1-\dfrac{2}{\dfrac{3}{2}\cdot k\left[\dfrac{1-\alpha^2(1-\beta)}{1-\alpha(1-\beta)}-\dfrac{2\alpha}{1+\eta}\right]\dfrac{H}{b}-\dfrac{1}{2}\cdot\dfrac{1-\alpha(1+3\beta)(1-\beta)}{1-\alpha(1-\beta)}+\dfrac{\varphi}{1+\varphi}}\right\} \\[6mm] \dfrac{3}{2}\cdot k\left[\dfrac{1-\alpha^2(1-\beta)}{1-\alpha(1-\beta)}-\dfrac{2\alpha}{1+\eta}\right](1+\varphi)\dfrac{H}{b}-\dfrac{1}{2}\cdot\dfrac{1-\alpha(1+3\beta)(1-\beta)}{1-\alpha(1-\beta)}(1+\varphi)+\varphi=\dfrac{30}{\sigma_0} \end{cases}$$

$$(2\text{-}77)$$

分别用式(2-76)和式(2-77)计算得出 $l_1>b-a$ 时的名义高宽比限值 $\left[\dfrac{H}{b}\right]$，取两者中的较小值作为山地掉层隔震结构在 $l_1>b-a$ 时正向正倾覆情况下的名义高宽比限值。

2)负向负倾覆失效机理

当转动中心位于下接地层时，如图 2-20(a)所示，此时满足条件 $l_1<a$，对其化简得：

$$\dfrac{\varphi}{1+\varphi}<\beta \qquad\qquad (2\text{-}78)$$

当转动中心位于上接地层时，如图 2-20(b)所示，此时满足条件 $l_1>a$，对其化简得：

$$\frac{\varphi}{1+\varphi}>\beta \tag{2-79}$$

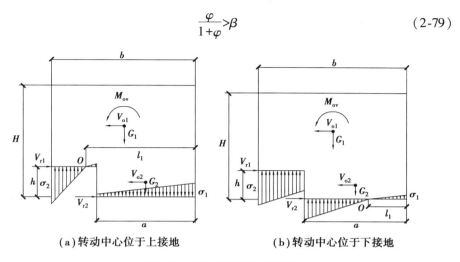

（a）转动中心位于上接地　　　　　　（b）转动中心位于下接地

图 2-20　负向负倾覆失效情况

当 $l_1<a$ 时，如图 2-20（a）所示，对转动中心 O 取矩，由 $\sum M=0$ 得：

$$-V_{o1}\left(\frac{H+h}{2}\right)-G_1\left(\frac{b}{2}-l_1\right)-V_{o2}\frac{h}{2}-G_2\left(\frac{a}{2}-l_1\right)+V_{r1}h+\frac{1}{3}\left[\sigma_1 l_1^2+\sigma_2(b-l_1)^2\right]=0 \tag{2-80}$$

由式（2-28）、式（2-29）、式（2-33）、式（2-34）、式（2-63）、式（2-66）、式（2-78）及式（2-80）联合可得：

$$\begin{cases}
\dfrac{\varphi}{1+\varphi}<\beta \\[3mm]
\varphi^2=\dfrac{1}{\gamma}\left\{1-\dfrac{2}{\dfrac{3}{2}\cdot k\left[\dfrac{1-\alpha^2(1-\beta)}{1-\alpha(1-\beta)}-\dfrac{2\alpha}{1+\eta}\right]\dfrac{H}{b}+\dfrac{3}{2}\cdot\dfrac{1-\alpha(1-\beta^2)}{1-\alpha(1-\beta)}-\dfrac{\varphi}{1+\varphi}}\right\} \\[6mm]
\sigma_1=\sigma_0\left\{\dfrac{3}{2}\cdot k\left[\dfrac{1-\alpha^2(1-\beta)}{1-\alpha(1-\beta)}-\dfrac{2\alpha}{1+\eta}\right]\left(1+\dfrac{1}{\varphi}\right)\dfrac{H}{b}+\dfrac{3}{2}\cdot\dfrac{1-\alpha(1-\beta^2)}{1-\alpha(1-\beta)}\left(1+\dfrac{1}{\varphi}\right)-\dfrac{2}{\varphi}-3\right\} \\[6mm]
\sigma_2=\sigma_0\left\{\dfrac{3}{2}\cdot k\left[\dfrac{1-\alpha^2(1-\beta)}{1-\alpha(1-\beta)}-\dfrac{2\alpha}{1+\eta}\right](1+\varphi)\dfrac{H}{b}+\dfrac{3}{2}\cdot\dfrac{1-\alpha(1-\beta^2)}{1-\alpha(1-\beta)}(1+\varphi)-\varphi\right\}
\end{cases} \tag{2-81}$$

根据《建筑抗震设计规范》(GB 50011—2010)的规定,山地掉层隔震结构顺坡向不发生负向负倾覆失效的条件为:

$$\sigma_1 < 1.0 \ \text{MPa}$$

且

$$\sigma_2 < 30 \ \text{MPa}$$

因此山地掉层隔震结构顺坡向不发生负向负倾覆失效的条件为:

$$\begin{cases} \dfrac{\varphi}{1+\varphi} < \beta \\[4mm] \varphi^2 = \dfrac{1}{\gamma}\left\{1 - \dfrac{2}{\dfrac{3}{2} \cdot k\left[\dfrac{1-\alpha^2(1-\beta)}{1-\alpha(1-\beta)} - \dfrac{2\alpha}{1+\eta}\right]\dfrac{H}{b} + \dfrac{3}{2} \cdot \dfrac{1-\alpha(1-\beta^2)}{1-\alpha(1-\beta)} - \dfrac{\varphi}{1+\varphi}}\right\} \\[6mm] \dfrac{3}{2} \cdot k\left[\dfrac{1-\alpha^2(1-\beta)}{1-\alpha(1-\beta)} - \dfrac{2\alpha}{1+\eta}\right]\left(1+\dfrac{1}{\varphi}\right)\dfrac{H}{b} + \dfrac{3}{2} \cdot \dfrac{1-\alpha(1-\beta^2)}{1-\alpha(1-\beta)}\left(1+\dfrac{1}{\varphi}\right) - \dfrac{2}{\varphi} - 3 < \dfrac{1}{\sigma_0} \end{cases}$$

$$(2\text{-}82)$$

且

$$\begin{cases} \dfrac{\varphi}{1+\varphi} < \beta \\[4mm] \varphi^2 = \dfrac{1}{\gamma}\left\{1 - \dfrac{2}{\dfrac{3}{2} \cdot k\left[\dfrac{1-\alpha^2(1-\beta)}{1-\alpha(1-\beta)} - \dfrac{2\alpha}{1+\eta}\right]\dfrac{H}{b} + \dfrac{3}{2} \cdot \dfrac{1-\alpha(1-\beta^2)}{1-\alpha(1-\beta)} - \dfrac{\varphi}{1+\varphi}}\right\} \\[6mm] \dfrac{3}{2} \cdot k\left[\dfrac{1-\alpha^2(1-\beta)}{1-\alpha(1-\beta)} - \dfrac{2\alpha}{1+\eta}\right](1+\varphi)\dfrac{H}{b} + \dfrac{3}{2} \cdot \dfrac{1-\alpha(1-\beta^2)}{1-\alpha(1-\beta)}(1+\varphi) - \varphi < \dfrac{30}{\sigma_0} \end{cases}$$

$$(2\text{-}83)$$

当 $\sigma_1 = 1.0 \ \text{MPa}$ 或 $\sigma_2 = 30 \ \text{MPa}$ 时取得临界值,此时满足:

$$\begin{cases} \dfrac{\varphi}{1+\varphi}<\beta \\[4mm] \varphi^2=\dfrac{1}{\gamma}\left\{1-\dfrac{2}{\dfrac{3}{2}\cdot k\left[\dfrac{1-\alpha^2(1-\beta)}{1-\alpha(1-\beta)}-\dfrac{2\alpha}{1+\eta}\right]\dfrac{H}{b}+\dfrac{3}{2}\cdot\dfrac{1-\alpha(1-\beta^2)}{1-\alpha(1-\beta)}-\dfrac{\varphi}{1+\varphi}}\right\} \\[6mm] \dfrac{3}{2}\cdot k\left[\dfrac{1-\alpha^2(1-\beta)}{1-\alpha(1-\beta)}-\dfrac{2\alpha}{1+\eta}\right]\left(1+\dfrac{1}{\varphi}\right)\dfrac{H}{b}+\dfrac{3}{2}\cdot\dfrac{1-\alpha(1-\beta^2)}{1-\alpha(1-\beta)}\left(1+\dfrac{1}{\varphi}\right)-\dfrac{2}{\varphi}-3=\dfrac{1}{\sigma_0} \end{cases}$$

$$(2\text{-}84)$$

或者

$$\begin{cases} \dfrac{\varphi}{1+\varphi}<\beta \\[4mm] \varphi^2=\dfrac{1}{\gamma}\left\{1-\dfrac{2}{\dfrac{3}{2}\cdot k\left[\dfrac{1-\alpha^2(1-\beta)}{1-\alpha(1-\beta)}-\dfrac{2\alpha}{1+\eta}\right]\dfrac{H}{b}+\dfrac{3}{2}\cdot\dfrac{1-\alpha(1-\beta^2)}{1-\alpha(1-\beta)}-\dfrac{\varphi}{1+\varphi}}\right\} \\[6mm] \dfrac{3}{2}\cdot k\left[\dfrac{1-\alpha^2(1-\beta)}{1-\alpha(1-\beta)}-\dfrac{2\alpha}{1+\eta}\right](1+\varphi)\dfrac{H}{b}+\dfrac{3}{2}\cdot\dfrac{1-\alpha(1-\beta^2)}{1-\alpha(1-\beta)}(1+\varphi)-\varphi=\dfrac{30}{\sigma_0} \end{cases}$$

$$(2\text{-}85)$$

分别用式（2-84）和式（2-85）计算得出 $l_1<a$ 时的名义高宽比限值 $\left[\dfrac{H}{b}\right]$，取两者中的较小值作为山地掉层隔震结构在出 $l_1<a$ 时负向负倾覆情况下的名义高宽比限值。

当 $l_1>a$ 时，如图 2-20（b）所示，对转动中心 O 取矩，由 $\sum M=0$ 得：

$$-V_{o1}\left(\dfrac{H-h}{2}\right)+G_1\left(l_1-\dfrac{b}{2}\right)+V_{o2}\dfrac{h}{2}+G_2\left(l_1-\dfrac{a}{2}\right)-V_{r2}h+\dfrac{1}{3}\left[\sigma_1 l_1^2+\sigma_2(b-l_1)^2\right]=0$$

$$(2\text{-}86)$$

由式（2-28）、式（2-29）、式（2-33）、式（2-34）、式（2-63）、式（2-66）、式（2-79）及式（2-86）联合可得：

$$
\begin{cases}
\dfrac{\varphi}{1+\varphi}>\beta \\[2mm]
\varphi^2=\dfrac{1}{\gamma}\left\{1-\dfrac{2}{\dfrac{3}{2}\cdot k\left[\dfrac{1-2\alpha+\alpha^2(1-\beta)}{1-\alpha(1-\beta)}+\dfrac{2\eta\alpha}{1+\eta}\right]\dfrac{H}{b}+\dfrac{3}{2}\cdot\dfrac{1-\alpha(1-\beta^2)}{1-\alpha(1-\beta)}-\dfrac{\varphi}{1+\varphi}}\right\} \\[6mm]
\sigma_1=\sigma_0\left\{\dfrac{3}{2}\cdot k\left[\dfrac{1-2\alpha+\alpha^2(1-\beta)}{1-\alpha(1-\beta)}+\dfrac{2\eta\alpha}{1+\eta}\right]\left(1+\dfrac{1}{\varphi}\right)\dfrac{H}{b}+\dfrac{3}{2}\cdot\dfrac{1-\alpha(1-\beta^2)}{1-\alpha(1-\beta)}\left(1+\dfrac{1}{\varphi}\right)-\dfrac{2}{\varphi}-3\right\} \\[6mm]
\sigma_2=\sigma_0\left\{\dfrac{3}{2}\cdot k\left[\dfrac{1-2\alpha+\alpha^2(1-\beta)}{1-\alpha(1-\beta)}+\dfrac{2\eta\alpha}{1+\eta}\right](1+\varphi)\dfrac{H}{b}+\dfrac{3}{2}\cdot\dfrac{1-\alpha(1-\beta^2)}{1-\alpha(1-\beta)}(1+\varphi)-\varphi\right\}
\end{cases}
$$

$$(2\text{-}87)$$

根据《建筑抗震设计规范》（GB 50011—2010）的规定，山地掉层隔震结构顺坡向不发生负向负倾覆失效的条件为：

$$\sigma_1<1.0\ \text{MPa}$$

且

$$\sigma_2<30\ \text{MPa}$$

因此山地掉层隔震结构顺坡向不发生负向负倾覆失效的条件为：

$$
\begin{cases}
\dfrac{\varphi}{1+\varphi}>\beta \\[2mm]
\varphi^2=\dfrac{1}{\gamma}\left\{1-\dfrac{2}{\dfrac{3}{2}\cdot k\left[\dfrac{1-2\alpha+\alpha^2(1-\beta)}{1-\alpha(1-\beta)}+\dfrac{2\eta\alpha}{1+\eta}\right]\dfrac{H}{b}+\dfrac{3}{2}\cdot\dfrac{1-\alpha(1-\beta^2)}{1-\alpha(1-\beta)}-\dfrac{\varphi}{1+\varphi}}\right\} \\[6mm]
\dfrac{3}{2}\cdot k\left[\dfrac{1-2\alpha+\alpha^2(1-\beta)}{1-\alpha(1-\beta)}+\dfrac{2\eta\alpha}{1+\eta}\right]\left(1+\dfrac{1}{\varphi}\right)\dfrac{H}{b}+\dfrac{3}{2}\cdot\dfrac{1-\alpha(1-\beta^2)}{1-\alpha(1-\beta)}\left(1+\dfrac{1}{\varphi}\right)-\dfrac{2}{\varphi}-3<\dfrac{1}{\sigma_0}
\end{cases}
$$

$$(2\text{-}88)$$

且

$$
\left\{
\begin{array}{l}
\dfrac{\varphi}{1+\varphi}>\beta \\[4mm]
\varphi^{2}=\dfrac{1}{\gamma}\left\{1-\dfrac{2}{\dfrac{3}{2}\cdot k\left[\dfrac{1-2\alpha+\alpha^{2}(1-\beta)}{1-\alpha(1-\beta)}+\dfrac{2\eta\alpha}{1+\eta}\right]\dfrac{H}{b}+\dfrac{3}{2}\cdot\dfrac{1-\alpha(1-\beta^{2})}{1-\alpha(1-\beta)}-\dfrac{\varphi}{1+\varphi}}\right\} \\[8mm]
\dfrac{3}{2}\cdot k\left[\dfrac{1-2\alpha+\alpha^{2}(1-\beta)}{1-\alpha(1-\beta)}+\dfrac{2\eta\alpha}{1+\eta}\right](1+\varphi)\dfrac{H}{b}+\dfrac{3}{2}\cdot\dfrac{1-\alpha(1-\beta^{2})}{1-\alpha(1-\beta)}(1+\varphi)-\varphi<\dfrac{30}{\sigma_{0}}
\end{array}
\right.
$$

$$(2\text{-}89)$$

当 $\sigma_{1}=1.0$ MPa 或 $\sigma_{2}=30$ MPa 时取得临界值，此时满足：

$$
\left\{
\begin{array}{l}
\dfrac{\varphi}{1+\varphi}>\beta \\[4mm]
\varphi^{2}=\dfrac{1}{\gamma}\left\{1-\dfrac{2}{\dfrac{3}{2}\cdot k\left[\dfrac{1-2\alpha+\alpha^{2}(1-\beta)}{1-\alpha(1-\beta)}+\dfrac{2\eta\alpha}{1+\eta}\right]\dfrac{H}{b}+\dfrac{3}{2}\cdot\dfrac{1-\alpha(1-\beta^{2})}{1-\alpha(1-\beta)}-\dfrac{\varphi}{1+\varphi}}\right\} \\[8mm]
\dfrac{3}{2}\cdot k\left[\dfrac{1-2\alpha+\alpha^{2}(1-\beta)}{1-\alpha(1-\beta)}+\dfrac{2\eta\alpha}{1+\eta}\right]\left(1+\dfrac{1}{\varphi}\right)\dfrac{H}{b}+\dfrac{3}{2}\cdot\dfrac{1-\alpha(1-\beta^{2})}{1-\alpha(1-\beta)}\left(1+\dfrac{1}{\varphi}\right)-\dfrac{2}{\varphi}-3=\dfrac{1}{\sigma_{0}}
\end{array}
\right.
$$

$$(2\text{-}90)$$

或者

$$
\left\{
\begin{array}{l}
\dfrac{\varphi}{1+\varphi}>\beta \\[4mm]
\varphi^{2}=\dfrac{1}{\gamma}\left\{1-\dfrac{2}{\dfrac{3}{2}\cdot k\left[\dfrac{1-2\alpha+\alpha^{2}(1-\beta)}{1-\alpha(1-\beta)}+\dfrac{2\eta\alpha}{1+\eta}\right]\dfrac{H}{b}+\dfrac{3}{2}\cdot\dfrac{1-\alpha(1-\beta^{2})}{1-\alpha(1-\beta)}-\dfrac{\varphi}{1+\varphi}}\right\} \\[8mm]
\dfrac{3}{2}\cdot k\left[\dfrac{1-2\alpha+\alpha^{2}(1-\beta)}{1-\alpha(1-\beta)}+\dfrac{2\eta\alpha}{1+\eta}\right](1+\varphi)\dfrac{H}{b}+\dfrac{3}{2}\cdot\dfrac{1-\alpha(1-\beta^{2})}{1-\alpha(1-\beta)}(1+\varphi)-\varphi=\dfrac{30}{\sigma_{0}}
\end{array}
\right.
$$

$$(2\text{-}91)$$

分别用式（2-90）和式（2-91）计算得出 $l_{1}>a$ 时的名义高宽比限值 $\left[\dfrac{H}{b}\right]$，取两者中的较小值作为山地掉层隔震结构在 $l_{1}>a$ 时负向负倾覆情况下的名义高宽比限值。

2.4 倾覆失效机理的应用

2.4.1 横坡向

　　山地掉层隔震结构横坡向倾覆失效机理与基础隔震类似,以结构总高度 H 计算所得到的高宽比最为不利。令横坡向结构宽度为 b_0,山地掉层隔震结构在横坡向倾覆力矩和结构自重共同作用下下接地层结构受力如图 2-21 所示,下接地隔震层变形如图 2-22 所示。

　　将式(2-20)、式(2-21)中的 b 替换为 b_0,可得到山地掉层隔震结构横坡向倾覆力矩作用下高宽比限值计算公式为:

$$\begin{cases} \varphi^2 = \dfrac{1}{\gamma} - \dfrac{2}{\dfrac{3}{2}k\gamma \cdot \dfrac{H}{b_0} + \dfrac{\gamma}{1+\varphi} + \dfrac{\gamma}{2}} \\ \dfrac{3}{2}k\left(1+\dfrac{1}{\varphi}\right) \cdot \dfrac{H}{b_0} - \dfrac{1}{2\varphi} - \dfrac{3}{2} = \dfrac{1}{\sigma_0} \end{cases} \tag{2-92}$$

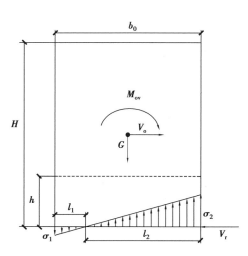

图 2-21　下接地隔震层受力图

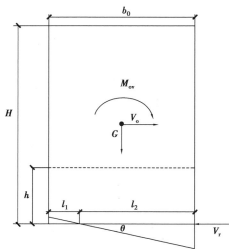

图 2-22　下接地隔震层变形图

或者

$$\begin{cases} \varphi^2 = \dfrac{1}{\gamma} - \dfrac{2}{\dfrac{3}{2}k\gamma \cdot \dfrac{H}{b_0} + \dfrac{\gamma}{1+\varphi} + \dfrac{\gamma}{2}} \\[4mm] \dfrac{3}{2}k(1+\varphi) \cdot \dfrac{H}{b_0} + \dfrac{\varphi}{2} + \dfrac{3}{2} = \dfrac{30}{\sigma_0} \end{cases} \tag{2-93}$$

对隔震结构,一般减震目标是预先确定的,即地震力系数 k 为已知变量,且由式(2-92)和式(2-93)可知,地震力系数 k 与高宽比限值成反比关系,从宏观上反映了隔震效果的好或者差,与隔震结构周期延长程度相对应,即隔震周期延长越长,隔震效果越好,地震力系数 k 就越小,高宽比限值越大,这与日本学者得出隔震结构高宽比限值随隔震结构周期增大而增加的结论相同。

对于橡胶隔震技术来说,隔震层的竖相拉压刚度比 γ 一般是通过试验确定的,根据日本学者的试验研究,其取值范围为 1/5 ~ 1/10,罗佳润等通过研究,建议实际设计中拉压刚度比取值范围为 1/8 ~ 1/10,根据云南省隔震设计的经验,γ 可取 1/10。

对于 σ_0,《建筑抗震设计规范》(GB 50011—2010)对橡胶支座在重力荷载代表值作用下的压应力限值作出了明确规定,如表 2-1 所示。

表 2-1　橡胶隔震支座压应力限值

建筑类别	甲类建筑	乙类建筑	丙类建筑
压应力限值/ MPa	10	12	15

考虑经济性和安全性,建议 σ_0 对于甲类建筑可取 8 MPa,对于乙类建筑提高可取 10 MPa,对于丙类建筑可取 12 MPa。当然也可根据实际设计目标进行取值。

将 k、γ、σ_0 相应的取值代入式(2-92)和式(2-93)中分别计算高宽比 $\left[\dfrac{H}{b_0}\right]$,然后取两者中的较小值作为橡胶支座在竖向拉压刚度不一致条件下山地掉层隔震结构横坡向高宽比限值。

2.4.2 顺坡向

山地掉层隔震结构顺坡向的倾覆问题比较复杂,名义高宽比与水平地震作用输入的方向、转动中心的位置、高度比 α、宽度比 β、隔震层竖相拉压刚度比 γ、上下接地隔震层水平刚度比 η 有关。

综合上一节山地掉层隔震顺坡向倾覆失效机理的理论推导,可得到山地掉层隔震顺坡向名义高宽比与水平地震作用输入的方向、转动中心的位置、高度比 α、宽度比 β、隔震层竖相拉压刚度比 γ、上下接地隔震层等效水平刚度比 η 的系列关系式如下。

(1)正向正倾覆失效机理

$$\begin{cases} \dfrac{\varphi}{1+\varphi}<1-\beta \\[2mm] \varphi^2=\dfrac{1}{\gamma}\left\{1-\dfrac{2}{\dfrac{3}{2}\cdot k\left[\dfrac{1-2\alpha+\alpha^2(1-\beta)}{1-\alpha(1-\beta)}+\dfrac{2\alpha\eta}{1+\eta}\right]\dfrac{H}{b}+\dfrac{3}{2}\cdot\dfrac{1-\alpha(1-\beta)^2}{1-\alpha(1-\beta)}-\dfrac{\varphi}{1+\varphi}}\right\} \\[2mm] \dfrac{3}{2}\cdot k\left[\dfrac{1-2\alpha+\alpha^2(1-\beta)}{1-\alpha(1-\beta)}+\dfrac{2\alpha\eta}{1+\eta}\right]\left(1+\dfrac{1}{\varphi}\right)\dfrac{H}{b}+\dfrac{3}{2}\cdot\dfrac{1-\alpha(1-\beta)^2}{1-\alpha(1-\beta)}\left(1+\dfrac{1}{\varphi}\right)-\dfrac{2}{\varphi}-3=\dfrac{1}{\sigma_0} \end{cases}$$

$$(2\text{-}94)$$

或者

$$\begin{cases} \dfrac{\varphi}{1+\varphi}<1-\beta \\[2mm] \varphi^2=\dfrac{1}{\gamma}\left\{1-\dfrac{2}{\dfrac{3}{2}\cdot k\left[\dfrac{1-2\alpha+\alpha^2(1-\beta)}{1-\alpha(1-\beta)}+\dfrac{2\alpha\eta}{1+\eta}\right]\dfrac{H}{b}+\dfrac{3}{2}\cdot\dfrac{1-\alpha(1-\beta)^2}{1-\alpha(1-\beta)}-\dfrac{\varphi}{1+\varphi}}\right\} \\[2mm] \dfrac{3}{2}\cdot k\left[\dfrac{1-2\alpha+\alpha^2(1-\beta)}{1-\alpha(1-\beta)}+\dfrac{2\alpha\eta}{1+\eta}\right](1+\varphi)\dfrac{H}{b}+\dfrac{3}{2}\cdot\dfrac{1-\alpha(1-\beta)^2}{1-\alpha(1-\beta)}(1+\varphi)-\varphi=\dfrac{30}{\sigma_0} \end{cases}$$

$$(2\text{-}95)$$

$$\begin{cases} \dfrac{\varphi}{1+\varphi} > 1-\beta \\[4mm] \varphi^2 = \dfrac{1}{\gamma}\left\{1 - \dfrac{2}{\dfrac{3}{2}\cdot k\left[\dfrac{1-\alpha^2(1-\beta)}{1-\alpha(1-\beta)}-\dfrac{2\alpha}{1+\eta}\right]\dfrac{H}{b}-\dfrac{1}{2}\cdot\dfrac{1-\alpha(1+3\beta)(1-\beta)}{1-\alpha(1-\beta)}+\dfrac{\varphi}{1+\varphi}}\right\} \\[6mm] \dfrac{3}{2}\cdot k\left[\dfrac{1-\alpha^2(1-\beta)}{1-\alpha(1-\beta)}-\dfrac{2\alpha}{1+\eta}\right]\left(1+\dfrac{1}{\varphi}\right)\dfrac{H}{b}-\dfrac{1}{2}\cdot\dfrac{1-\alpha(1+3\beta)(1-\beta)}{1-\alpha(1-\beta)}\left(1+\dfrac{1}{\varphi}\right)-\dfrac{2}{\varphi}-1=\dfrac{1}{\sigma_0} \end{cases}$$

$$(2\text{-}96)$$

或者

$$\begin{cases} \dfrac{\varphi}{1+\varphi} > 1-\beta \\[4mm] \varphi^2 = \dfrac{1}{\gamma}\left\{1 - \dfrac{2}{\dfrac{3}{2}\cdot k\left[\dfrac{1-\alpha^2(1-\beta)}{1-\alpha(1-\beta)}-\dfrac{2\alpha}{1+\eta}\right]\dfrac{H}{b}-\dfrac{1}{2}\cdot\dfrac{1-\alpha(1+3\beta)(1-\beta)}{1-\alpha(1-\beta)}+\dfrac{\varphi}{1+\varphi}}\right\} \\[6mm] \dfrac{3}{2}\cdot k\left[\dfrac{1-\alpha^2(1-\beta)}{1-\alpha(1-\beta)}-\dfrac{2\alpha}{1+\eta}\right](1+\varphi)\dfrac{H}{b}-\dfrac{1}{2}\cdot\dfrac{1-\alpha(1+3\beta)(1-\beta)}{1-\alpha(1-\beta)}(1+\varphi)+\varphi=\dfrac{30}{\sigma_0} \end{cases}$$

$$(2\text{-}97)$$

（2）负向负倾覆失效机理

$$\begin{cases} \dfrac{\varphi}{1+\varphi} < \beta \\[4mm] \varphi^2 = \dfrac{1}{\gamma}\left\{1 - \dfrac{2}{\dfrac{3}{2}\cdot k\left[\dfrac{1-\alpha^2(1-\beta)}{1-\alpha(1-\beta)}-\dfrac{2\alpha}{1+\eta}\right]\dfrac{H}{b}+\dfrac{3}{2}\cdot\dfrac{1-\alpha(1-\beta^2)}{1-\alpha(1-\beta)}-\dfrac{\varphi}{1+\varphi}}\right\} \\[6mm] \dfrac{3}{2}\cdot k\left[\dfrac{1-\alpha^2(1-\beta)}{1-\alpha(1-\beta)}-\dfrac{2\alpha}{1+\eta}\right]\left(1+\dfrac{1}{\varphi}\right)\dfrac{H}{b}+\dfrac{3}{2}\cdot\dfrac{1-\alpha(1-\beta^2)}{1-\alpha(1-\beta)}\left(1+\dfrac{1}{\varphi}\right)-\dfrac{2}{\varphi}-3=\dfrac{1}{\sigma_0} \end{cases}$$

$$(2\text{-}98)$$

或者

$$\begin{cases} \dfrac{\varphi}{1+\varphi}<\beta \\[4mm] \varphi^2=\dfrac{1}{\gamma}\left\{1-\dfrac{2}{\dfrac{3}{2}\cdot k\left[\dfrac{1-\alpha^2(1-\beta)}{1-\alpha(1-\beta)}-\dfrac{2\alpha}{1+\eta}\right]\dfrac{H}{b}+\dfrac{3}{2}\cdot\dfrac{1-\alpha(1-\beta^2)}{1-\alpha(1-\beta)}-\dfrac{\varphi}{1+\varphi}}\right\} \\[6mm] \dfrac{3}{2}\cdot k\left[\dfrac{1-\alpha^2(1-\beta)}{1-\alpha(1-\beta)}-\dfrac{2\alpha}{1+\eta}\right](1+\varphi)\dfrac{H}{b}+\dfrac{3}{2}\cdot\dfrac{1-\alpha(1-\beta^2)}{1-\alpha(1-\beta)}(1+\varphi)-\varphi=\dfrac{30}{\sigma_0} \end{cases}$$

$$(2\text{-}99)$$

$$\begin{cases} \dfrac{\varphi}{1+\varphi}>\beta \\[4mm] \varphi^2=\dfrac{1}{\gamma}\left\{1-\dfrac{2}{\dfrac{3}{2}\cdot k\left[\dfrac{1-2\alpha+\alpha^2(1-\beta)}{1-\alpha(1-\beta)}+\dfrac{2\eta\alpha}{1+\eta}\right]\dfrac{H}{b}+\dfrac{3}{2}\cdot\dfrac{1-\alpha(1-\beta^2)}{1-\alpha(1-\beta)}-\dfrac{\varphi}{1+\varphi}}\right\} \\[6mm] \dfrac{3}{2}\cdot k\left[\dfrac{1-2\alpha+\alpha^2(1-\beta)}{1-\alpha(1-\beta)}+\dfrac{2\eta\alpha}{1+\eta}\right]\left(1+\dfrac{1}{\varphi}\right)\dfrac{H}{b}+\dfrac{3}{2}\cdot\dfrac{1-\alpha(1-\beta^2)}{1-\alpha(1-\beta)}\left(1+\dfrac{1}{\varphi}\right)-\dfrac{2}{\varphi}-3=\dfrac{1}{\sigma_0} \end{cases}$$

$$(2\text{-}100)$$

或者

$$\begin{cases} \dfrac{\varphi}{1+\varphi}>\beta \\[4mm] \varphi^2=\dfrac{1}{\gamma}\left\{1-\dfrac{2}{\dfrac{3}{2}\cdot k\left[\dfrac{1-2\alpha+\alpha^2(1-\beta)}{1-\alpha(1-\beta)}+\dfrac{2\eta\alpha}{1+\eta}\right]\dfrac{H}{b}+\dfrac{3}{2}\cdot\dfrac{1-\alpha(1-\beta^2)}{1-\alpha(1-\beta)}-\dfrac{\varphi}{1+\varphi}}\right\} \\[6mm] \dfrac{3}{2}\cdot k\left[\dfrac{1-2\alpha+\alpha^2(1-\beta)}{1-\alpha(1-\beta)}+\dfrac{2\eta\alpha}{1+\eta}\right](1+\varphi)\dfrac{H}{b}+\dfrac{3}{2}\cdot\dfrac{1-\alpha(1-\beta^2)}{1-\alpha(1-\beta)}(1+\varphi)-\varphi=\dfrac{30}{\sigma_0} \end{cases}$$

$$(2\text{-}101)$$

式(2-94)—式(2-101)中不等式代表隔震层转动中心的位置,在正向正倾覆失效机理下,$\dfrac{\varphi}{1+\varphi}<1-\beta$ 表示转动中心位于上接地层,$\dfrac{\varphi}{1+\varphi}>1-\beta$ 表示转动中心位于下接地层;在负向负倾覆失效机理下, $\frac{\varphi}{1+\varphi}<\beta$ 表示转动中心位于下接地层,

$\frac{\varphi}{1+\varphi}>\beta$ 表示转动中心位于上接地层。

一般 k、γ、σ_0 均为已知变量,上下接地隔震层水平刚度比 η 为待确定变量,假定隔震层水平刚度与结构质量成比例关系,则

$$\eta=\frac{K_{h1}}{K_{h2}}=\frac{(b-a)(H-h)}{aH}=\frac{(1-\alpha)(1-\beta)}{\alpha} \tag{2-102}$$

上下接地隔震层水平刚度比 η 可表示为 α、β 的函数关系,式(2-92)—式(2-102)表述为名义宽高比 $\frac{H}{b}$、高度比 α、宽度比 β、受拉区与受压区长度比 φ 满足一定条件的四元方程组,其中受拉区与受压区长度比 φ 为中间变量,可通过固定高度比 α、宽度比 β 两变量之一对山地掉层隔震结构顺坡向名义宽高比 $\frac{H}{b}$ 进行求解,对式(2-92)—式(2-102)每一个方程组求解可得到名义高宽比限值 $\left[\frac{H}{b}\right]$,然后取其中的较小值作为山地掉层隔震结构顺坡向名义宽高比限值。

2.5　本章小结

本章通过静力有限元数值的分析方法研究了基础隔震和山地掉层隔震结构在水平地震和结构自重共同作用下隔震层拉、压力的分布规律,研究了基础隔震与山地掉层隔震结构的倾覆失效机理,研究发现:

①橡胶支座的竖向拉压刚度一致与否对基础隔震与山地掉层隔震结构在水平地震和结构自重共同作用下橡胶拉力的分布规律影响很大,但对压力的分布规律影响较小,在研究基础隔震和山地掉层隔震结构倾覆失效机理时,应计入橡胶支座拉压刚度不一致的影响;将上部结构考虑为刚体和弹性体对橡胶支座的拉、压力分布规律的影响不大,在推导基础隔震和山地掉层隔震结构倾覆

失效机理的过程中可以假定上部结构为刚体。

②在水平地震和结构自重共同作用下,山地掉层隔震结构上、下接地隔震层绕转动中心发生微小转动,转动中心将上接地、下接地隔震层划分为受拉区和受压区,受拉区和受压区长度之和与结构总宽度相等;隔震层橡胶支座的竖向拉应力和压应力分布规律与掉层宽度及高度无关,竖向力分布斜率在掉层处不发生改变,仅仅位置发生上下错动,橡胶支座竖向受力在掉层处连续。

③假定上部结构为质量分布均匀的刚体,不考虑竖向地震作用的影响,不考虑边坡引起的地震动放大作用,引入隔震层竖向拉压刚度不一致条件,以橡胶支座受拉或受压达到其极限承载力作为隔震结构倾覆失效的临界条件,推导得到了基础隔震结构修正的高宽比限值计算公式和山地掉层隔震结构顺坡向、横坡向的高宽比(名义高宽比)限值计算公式。

第3章 山地掉层隔震结构振动台试验设计

3.1 引言

近十年来,有关山地掉层结构抗震性能的研究多以理论推导及有限元分析为主,2010—2012年重庆大学山地建筑研究团队通过理论推导结合数值有限元分析,对掉层结构竖向抗侧力构件的刚度特性及规律、刚度分布特征以及不同地基类型进行了分析,并对掉层结构动力特性及整体抗倾覆进行了研究。

最近几年也有学者对山地掉层结构抗震性能采用拟静力试验进行研究,得出了一些重要结论,例如杨伯韬、赖永余等对一榀缩尺比例为1∶4的5层3跨钢筋混凝土掉层框架结构进行了低周往复荷载拟静力试验,研究了掉层框架的受力特点、破坏特征、滞回性能和变形性能,验证了Pushover和弹塑性时程分析的正确性;伍云天对一榀5层3跨掉层框架模型进行了拟静力试验,校验了有限元模型模拟掉层框架结构受力反应的准确性。

相比拟静力试验,模拟地震振动台试验则是通过向振动台输入地震波,激励起振动台上结构的反应,从而再现地震过程。因此振动台试验是试验室研究结构地震反应和破坏机理最直接的方法,也是研究与评价结构抗震性能的重要手段之一。国内还未见针对山掉层隔震结构的抗震性能的振动台试验研究。

国内外对橡胶隔震技术试验研究主要集中在隔震层处于同一标高的情况,

包括基础隔震和层间隔震。Kelly 和 Hodder 对一座铅芯隔震支座的基础隔震结构模型进行了振动台试验,结果表明铅芯一般能减小体系的位移,但使高阶振型响应增大;Takaoka 等通过振动台试验对隔震结构的极限性能进行了研究;吕西林等根据叠层橡胶支座和滑板摩擦隔震支座的特点,提出了组合基础隔震系统,并进行了组合基础隔震和基础固定房屋振动台试验,结果表明组合基础隔震系统隔震效果明显。黄襄云等对 1∶25 的多层钢筋混凝土框架剪力墙隔震结构与非隔震模型进行了模拟地震振动台对比试验,研究了隔震与非隔震结构在地震作用下的自振特性、阻尼比、地震反应特征、破坏形态和破坏机理;黄襄云以 6 层框架结构为模型,系统地完成了层间隔震减震体系的振动台试验研究;付伟庆等对相似比为 1∶4 的大高宽比铅芯橡胶支座隔震结构模型进行了高烈度区不同场地波下水平向振动台试验研究;金建敏、谭平等通过改变隔震层位置的方式对一个 4 层的钢结构模型进行了层间隔震振动台试验;胥玉祥、刘阳等以云南省博物馆新馆为原型进行了 1∶30 比例模型模拟地震振动台试验;王斌按 1∶4 缩尺比对海南农村民房典型结构的隔震模型进行了振动台试验;苏何先、潘文等对 1∶5 的 8 层基础隔震钢筋混凝土异形柱框架结构进行了振动台试验;赖正聪、潘文等基于玉溪公租房高层剪力墙结构制作了 1∶12.5 缩尺模型,并进行了振动台试验研究。

目前国内外对山地掉层隔震结构的振动台试验研究甚少。山地掉层隔震结构是一种新的结构形式,在地震作用下其受力形式既不同于普通山地掉层结构,也不同于基础隔震结构。为研究山地掉层隔震结构的受力特点以及结构在地震动激励下的响应,本章以 8 度设防区某掉层框架结构的教学楼为原型,设计制作了一个掉 1 跨 2 层的 7 层混凝土框架隔震结构模型,并提出了一套适用于山地掉层隔震结构的设计方法。

3.2　试验目的及试验内容

根据研究特点确定模型振动台的试验目的及试验内容如下：

①测定结构模型的自振频率以及它们在不同水准地震作用下的变化，以判断结构的破坏程度。

②分别实测经受 8 度多遇、8 度设防、8 度罕遇、8.5 度罕遇、9 度罕遇不同水准地震作用时山地掉层隔震模型的楼层加速度、楼层位移及上下接地隔震层位移，以研究山地掉层隔震模型在不同地震作用下的动力响应。

③观察、分析结构抗侧力体系在地震作用下的受力特点和破坏形态及过程（如构件开裂、塑性破坏的过程、位置关系等），找出可能存在的薄弱部位。

④验证山地掉层隔震结构的抗震性能是否如数值分析所预测，检验结构在地震作用下是否满足规范三水准抗震设防要求，能否达到结构设计设定的抗震性能目标，检验山地掉层隔震结构包络设计法的有效性。

⑤验证山地掉层隔震结构顺坡向和横坡向倾覆失效机理推导的正确性。

3.3　试验原型

3.3.1　试验原型概况

振动台试验的原型为某小学一教学楼，属于重点设防类，拟建设场地的抗震设防烈度 8 度（0.2g），场地类别Ⅱ类，地震分组三组，特征周期 0.45 s，为一栋掉 1 跨 2 层的 7 层混凝土框架结构，隔震层分别位于掉 2 层和 0 层（为方便表述，上接地层定义为 0 层），建筑高度 19.2 m。掉层部分柱截面为 600 mm ×600 mm，1—3 层柱截面为 550 mm×550 mm，4—5 层柱截面为 500 mm×500 mm，掉层部分梁截面为 300 mm×600 mm,2—4 层梁截面为 250 mm×500 mm,5 层梁截面为 200 mm×400 mm,混凝土强度等级为 C30,框架抗震等级为二级,结构平面尺寸如图 3-1、图 3-2 所示,原型结构三维图如图 3-3 所示。

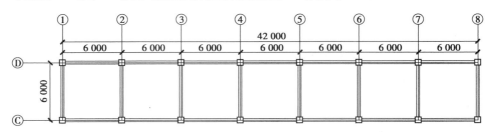

图 3-1　D1—D2 层平面图

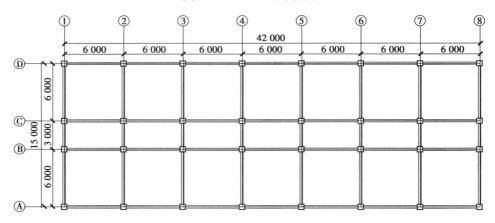

图 3-2　3—6 层平面图

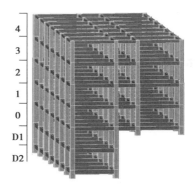

图 3-3　山地掉层框架结构三维图

　　试验原型共使用了橡胶支座 32 个,其中 24 个 LRB600,8 个 LNR600,上、下接地隔震层支座布置如图 3-4、图 3-5 所示。

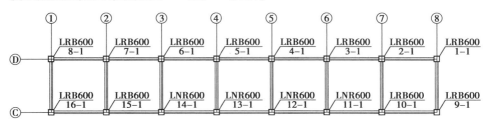

图 3-4　下接地层隔震支座布置

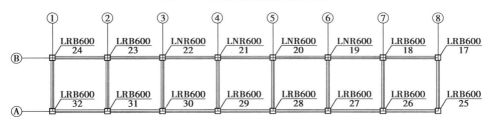

图 3-5　上接地层隔震支座布置图

　　试验原型所采用的橡胶支座力学性能参数如表 3-1 所示。

表 3-1　橡胶支座性能参数

支座型号	竖向刚度/ (kN · mm^{-1})	等效水平刚度/ (kN · mm^{-1})	屈服前刚度/ (kN · mm^{-1})	屈服力/ kN	屈服刚度比
LRB600	2 200	1.45	11.37	95	1/13
LNR600	1 800	0.85	—	—	—

3.3.2　山地掉层隔震结构包络设计法

　　一般基础隔震结构设计多采用分部设计法,隔震层将结构分为上部结构、下部结构和基础,引入水平向减震系数,根据水平向减震系数的大小综合确定上部结构所遭受的地震作用和抗震等级,从而将隔震结构的设计分为隔震分析和上部结构配筋设计两部分。分部设计法把隔震设计和传统抗震设计联系到一起,既将非线性时程分析和反应谱分析地震作用的方法分离,又将隔震分析模型与上部结构配筋设计模型巧妙地结合在一起。分部设计法概念清晰、方法简捷,既考虑了隔震技术的减震效果又兼顾了国内设计人员的设计习惯,快速地推动了隔震技术在国内的发展与应用。

然而分部设计法在山地掉层隔震结构设计中存在一定的问题。在计算水平向减震系数时,由于掉层抗震结构上接地层柱子的强约束作用,其承担了大部分地震剪力,掉层部分水平向楼层剪力很小,隔震结构掉层部分的楼层剪力与之相比得到的水平向减震系数偏大,不能真实反映减震效果,此时传统的水平向减震系数计算方法就会失效。为此本书提出了改进的水平向减震系数计算方法和包络设计法。

包络设计法首先采用改进的水平向减震系数计算方法计算水平向减震系数,然后用所得的水平向减震系数对模型进行简化分部设计配筋,再采用弹性时程分析法对实际隔震有限元模型进行配筋设计,然后对两个模型的配筋进行包络,并以包络设计结果为山地掉层隔震结构的最终配筋。包络设计法流程如图 3-6 所示。

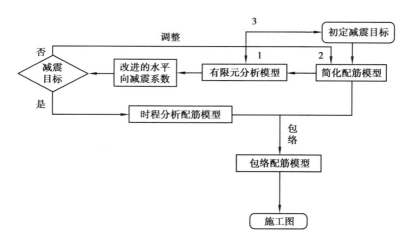

图 3-6　包络设计法流程图

1）改进的水平向减震系数计算法

一般分部设计法首先根据结构的高度、规则程度以及结构所在的场地综合确定减震目标,然后在设防地震作用下以弹性时程分析计算的隔震结构和非隔震结构的楼层剪力比来确定水平向减震系数 β_0,综合验证预期减震目标能否达到。若不能达到预期减震目标则要重新调整减震目标、结构模型或者隔震层,直至达到预期的减震目标,然后对上部结构进行配筋设计,从而完成上部结构配筋和隔震层设计。

水平向减震系数 β_0 是表述采用隔震技术后水平地震作用降低程度的系数。《建筑抗震设计规范》(GB 50011—2011)规定,对于水平向减震系数 β_0,多层建筑可采用设防地震作用下隔震结构与非隔震结构层间剪力比来确定;高层建筑除采用层间剪力比外,还应增加楼层倾覆力矩比,两者取大值综合确定水平向减震系数。从根本上来讲,地震作用属于惯性力,是由加速度引起的质量惯性力,因此水平向减震系数 β_0 也可以表达为楼层加速度比,即设防地震作用下隔震结构与非隔震结构楼层加速度比。图 3-7 为设防烈度为 8 度(0.3g)的某 6 层混凝土框架结构,在设防地震作用下选取了 7 条满足《建筑抗震设计规范》(GB 50011—2011)规定的地震动时程进行非线性时程分析,水平向减震系数 β_0 如图 3-8 所示。

图 3-7　混凝土框架结构三维模型

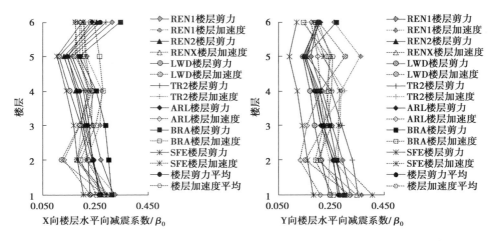

图 3-8　水平向减震系数 β_0

由图 3-8 可知,采用楼层剪力比和楼层加速度比所求得的水平减震系数差异非常小,采用楼层加速度比层间剪力所求得的水平向减震系数大 8.5%,采用楼层速度比计算水平向减震系数从本质上反映了采用隔震技术后水平地震作用的降低程度,其结果略大于采用层间剪力比所得到的水平向减震系数,设计偏于安全。

在山地掉层隔震结构设计时,由于掉层结构的存在,情况比较特殊。若按照《建筑抗震设计规范》的计算方法计算山地掉层隔震结构的水平向减震系数,得到的水平向减震系数的分布与传统基础隔震结构有很大的不同,如图 3-9 所示。

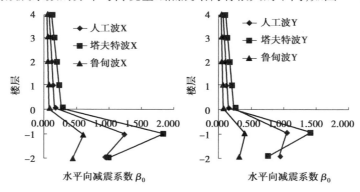

图 3-9　山地掉层隔震结构水平向减震系数

　　由图 3-9 可知,掉层部分水平向减震系数明显大于其他楼层,减震效果不但没有减小,反而出现增大的趋势,很明显这个现象与隔震理论是相悖的。因此在山地掉层隔震结构设计时,不宜采用《建筑抗震设计规范》(GB 50011—2010)中的计算方法来计算山地掉层隔震结构的水平向减震系数,而采用楼层加速度比来计算水平向减震系数 β_0 的方法比较合理。对于原结构模型,采用楼层加速度比计算得到水平向减震系数 β_0 如图 3-10 所示。

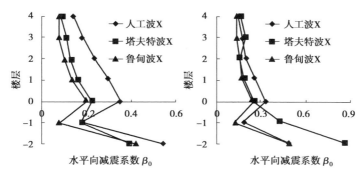

图 3-10　改进后山地掉层隔震结构水平向减震系数

　　由图 3-10 可知,水平向减震系数在上接地层处突然增大,且上接地层部分的水平向减震系数最大,最大值为 0.38,上接地层以上水平向减震系数逐层减小。对于结构原型减震目标可按水平地震作用降至 7 度(0.1g)考虑,即配筋模型水平地震影响系数最大值取 0.08,采用 YJK 建立的底部铰接简化配筋模型如图 3-11 所示。

2)弹性时程设计法

　　由于橡胶隔震支座具有明显的非线性行为,采用简化分部设计法进行设计时,可能会导致结构地震作用的分析不准确,加上山地掉层的特殊接地形式可能加剧这种不确定性,最终导致构件设计偏于不安全。因此山地掉层隔震结构的配筋应由弹性时程设计法与分部设计法包络确定。

　　弹性时程设计法是在多遇地震作用下采用非线性时程分析得到山地掉层隔震结构的地震作用,再将计算得到的地震作用与恒载、活载线性组合,最后利

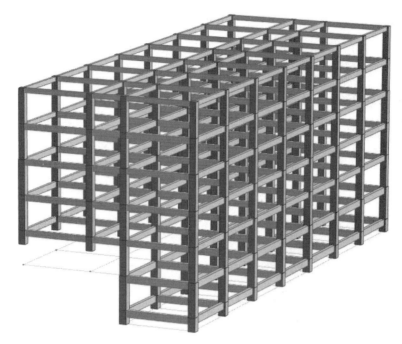

图 3-11　简化配筋 YJK 模型

用组合的荷载进行结构构件的弹性设计,在设计中材料强度取设计强度。

　　在山地掉层结构的原型结构设计中,本书采用 Etabs2016 进行弹性时程设计,具体操作如下。

　　(1)建立有限元模型

　　根据改进的分部设计法建立的简化配筋模型在 Etabs2016 中建立相应的模型,其中的轴网、楼层、荷载、材料、构件截面尺寸均与简化配筋模型一一对应,并将橡胶支座单元按照原设计布置到相应位置,即建立实际的山地掉层隔震有限元模型,如图 3-12 所示。

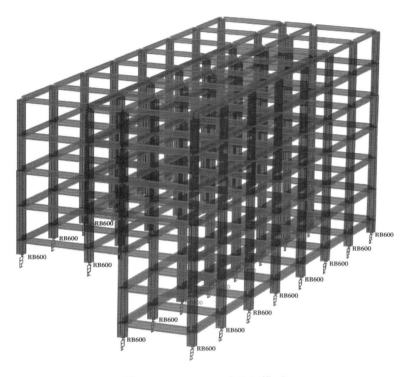

图 3-12　Etabs2016 有限元模型

（2）地震作用

在有限元软件 Etabs2016 中建立模型后，需采用非线性弹性时程分析法计算结构的地震作用。首先应定义时程函数；再定义时程工况，应特别注意，由于山地建筑天生不规则的特性，需考虑地震扭转效应的影响，因此弹性时程分析需要进行双向地震输入，主方向加速度峰值为 70 cm/s²，次方向峰值加速度为 59.5 cm/s²。地震作用效应与其他荷载效应的基本组合按式（3-1）进行计算：

$$S = \gamma_G S_{GE} + \gamma_{Eh} S_{Ehk} + \gamma_{Ev} S_{Evk} + \psi_w \gamma_w S_{wk} \tag{3-1}$$

其中竖向地震作用按照《建筑抗震设计规范》（GB 50011—2010）的简化方法参与组合，荷载组合界面设置详见《ETABS 中文版使用指南》与《SAP2000 中文版使用指南》相关操作，相关界面设置示例如图 3-13 所示。

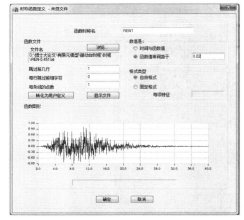

（a）时程函数 　　　　　　　　　（b）时程工况

（c）竖向地震作用为主荷载组合 　　（d）水平地震作用为主荷载组合

图 3-13　Etabs2016 设置

（3）构件配筋设计

Etabs2016 版目前支持 ACI、UBC、中国、British、Canadian、New Zealand、Italian、Indian、Mexican、Eurocode 等各种设计规范，支持自动或用户自定义荷载组合，能够自动考虑活荷载折减系数和弯矩放大系数，也可考虑扭转效应，支持交互式设计与查看，还可以方便地实现小震强度设计、中震弹性及中震不屈的性能化设计，因此对山地掉层隔震结构构件的配筋设计是十分方便的。

山地掉层隔震结构在 Etabs2016 设计时,应首先对混凝土框架设计首选项进行设置,选择我国的相应规范,确保场地类别、抗震等级及调幅系数与 YJK 模型设置参数一致,如图 3-14 所示。

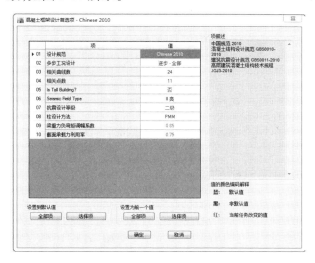

图 3-14 混凝土框架设计首选项

设置完成后将前面定义的有关混凝土构件设计的所有组合均作为设计组合,然后对截面进行设计校核,进而得到所有构件的配筋面积,最后对每根构件由简化配筋模型得到的配筋面积与弹性时程分析所得到的配筋面积取包络最终确定各个构件的配筋面积。山地掉层隔震结构顶层梁配筋面积如图 3-15、图 3-16 所示。

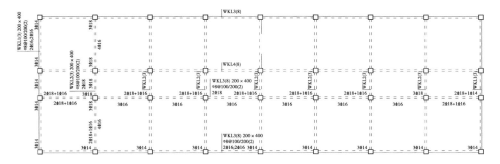

图 3-15 YJK 顶层梁配筋面积

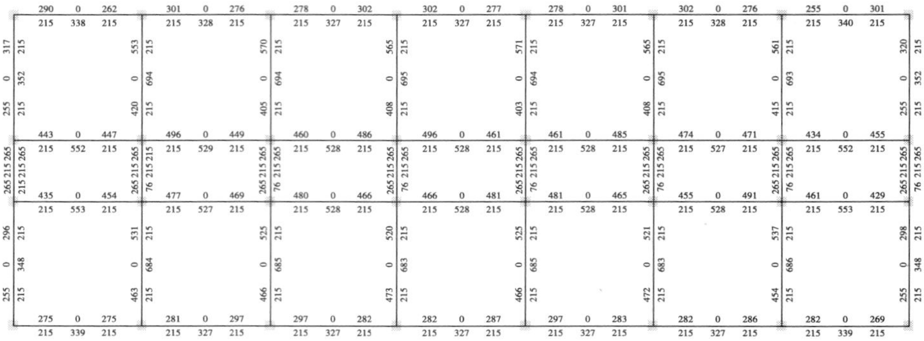

图 3-16　Etabs 顶层梁配筋面积

3.3.3　动力弹塑性分析验算

动力弹塑性分析方法于 20 世纪 50 年代出现,用于超高层结构的抗震分析和工程的抗震研究,经过 30 年的发展,于 20 世纪 80 年代写入多数国家的抗震设计规范。近年来,随着地震灾害的不断发生、天然地震动记录的不断丰富,加上计算机技术的不断发展,动力弹塑性分析方法已经成为结构抗震分析中至关重要的一部分,我国也已将其作为传统结构设计的必要指导与补充方法,该方法已通用于现阶段结构的抗震性能分析当中。

Etabs2016 的性能化设计基于非线性动力分析,同时可以考虑几何非线性和材料非线性行为,内置丰富的塑性铰、纤维铰、墙铰、分层壳等单元,可以精确地模拟结构构件的非线性行为,进而模拟和评估构件屈服后延性和能量耗散,捕捉结构在地震作用下的弹塑性行为,是对传统结构设计概念的一次重大转变。山地掉层隔震结构采用隔震技术和特殊接地形式,结构形式比较特殊,为确保山地掉层隔震结构在地震作用下的抗震性能,本书采用 Etabs2016 对山地掉层隔震结构进行了罕遇地震作用下的动力弹塑性验算。

由于 Etabs2016 塑性铰的计算分析是基于构件自定义配筋的,因此在进行动力弹塑性分析前应将构件的实际配筋输入构件中。对于本原型结构应将包络设计法的配筋面积输入梁、柱构件中,如图 3-17 所示。

（a）柱截面钢筋　　　　　　　　　（b）梁截面配筋设置

图 3-17　构件配筋设置

　　在构件配筋面积设置完成后设置塑性铰。塑性铰的具体设置方法参见《Push over 分析在建筑工程抗震设计中的应用》。动力弹塑性时程分析采用 Hilber-Hughes-Taylor 逐步积分法对动力方程进行求解,最终得到山地掉层隔震结构在 8 度罕遇地震作用下山地掉层隔震结构塑性铰的发展情况,如图 3-18、图 3-19 所示。

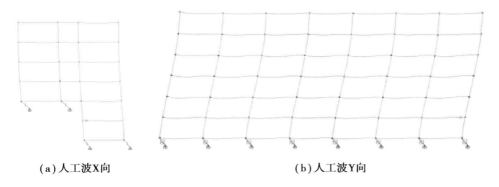

（a）人工波X向　　　　　　　　　（b）人工波Y向

图 3-18　初始塑性铰位置

　　由图 3-18、图 3-19 可知,山地掉层隔震结构罕遇地震下塑性铰在顺坡方向最早出现在 D1 层,在横坡方向最早也是出现在 D1 层,且均为梁铰;塑性铰随地震波作用时间逐渐发展,地震波加载结束时为结构的最不利状态,此时顺坡向和横坡向塑性铰均为梁铰,未出现柱铰,且梁铰均处在 IO 状态,因此山地掉层隔震结构在罕遇地震作用下仍然是安全的。

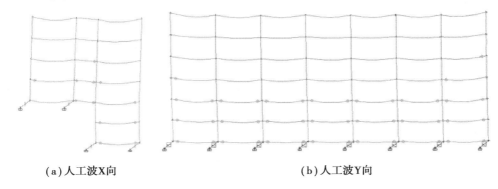

(a)人工波X向　　　　　　　　　　　　(b)人工波Y向

图 3-19　塑性铰最终分布

楼层罕遇地震作用下弹塑性层间位移角如表 3-2 所示。

表 3-2　楼层层间位移角

楼层	人工波		包络值
	X 向	Y 向	
4	1/1 527	1/1 956	1/1 527
3	1/888	1/1 003	1/888
2	1/667	1/723	1/667
1	1/615	1/656	1/615
0	1/572	1/656	1/572
D1	1/662	1/875	1/662
D2	1/33	1/33	1/33

由表 3-2 可知,在罕遇地震作用下,除隔震层外,山地掉层隔震结构弹塑性层间位移角最大值为 1/572,远远小于规范倒塌限值 1/50,因此山地掉层隔震结构在罕遇地震作用下处于安全的状态,可达到"大震不坏"的性能目标,高于现行"三水准两阶段"的设计要求,也间接证明了包络设计法在设计山地掉层隔震结构时的有效性,同时分析表明山地掉层隔震结构薄弱位置出现在掉层部分。

3.4　振动台缩尺模型

振动台缩尺模型是根据结构原型的几何特征和材料特征,按照一定比例制成的缩尺结构,其特征应与结构原型全部或者部分相同。本次山地掉层框架隔震结构振动台试验采用量纲分析法确定相似系数,试验中采用微粒混凝土模拟混凝土部分,采用镀锌铁丝模拟钢筋部分,本节详细介绍振动台缩尺模型的整个设计及制作过程。

3.4.1　试验振动台简介

本次山地掉层框架隔震结构地震模拟振动台试验在云南省抗震工程技术研究中心的振动台上进行,该振动台台面尺寸为 4.0 m×4.0 m,最大承重为 30 t,可以同时进行 X、Y 两个方向的地震动输入,振动台的主要基本性能参数指标如表 3-3 所示。该振动台为由英国 SERVOTEST 公司生产的双向 3 自由度振动台,目前已经完成了大量的科研试验工作。

表 3-3　地震动模拟振动台主要性能指标

性能	指标
台面尺寸	4.0 m×4.0 m
激励方向	X、Y 两个方向
控制自由度	3 自由度
最大负载	30 t
振动激励	正弦、随机、地震波
最大加速度	±1g(载重 20 t 时),±0.8g(载重 30 t 时)
最大速度	±0.8 m/s
最大行程	±125 mm
频率范围	0.1～50 Hz

3.4.2 相似关系的确定

1）长度相似系数

长度相似系数是振动台缩尺模型制作的一个重要系数,通常是控制相似常数的首选,因此长度相似系数的确定非常关键。在确定长度相似系数时,应考虑振动台性能及实验室的数据资料。振动台模型的最大平面几何尺寸不能超出振动台台面范围,模型的高度不应超过试验室制作场地高度要求,并且要保证结构的自重和高度均在吊装行车的工作范围内。本试验结构原型平面尺寸为 42 000 mm×15 000 mm,地震模拟振动台面尺寸为 4 000 mm×4 000 mm。综合考虑以上几个因素,本次振动台试验长度相似系数 S_L 为 0.1。

2）应力相似系数

应力相似常数 S_σ 须根据所用模型材料的特性来确定。一般微粒混凝土与原型钢筋混凝土之间的强度关系在 1/3 ~ 1/5 的范围之内,实验室比较容易实现,借鉴以前振动台试验经验,应力相似系数 S_σ 取为 1/4。

3）加速度相似系数

本次试验原型拟加载至 8 度（0.2g）大震水平,加速度为 4 m/s²（0.41g）,SERVOTEST 地震模拟振动台面最大加速度为:±1g（载重 20 t 时）,±0.8g（载重 30 t 时）,S_a 取 1。

4）其他相似关系

其他相似关系根据相似量纲分析法进行求解,该方法基本原理依然是求量纲为"1"的 π 项,动力学系统中涉及的各个物理量及其量纲相似关系如表 3-4 所示。

表 3-4　物理量及其量纲相似关系

物理性能	物理量	相似系数	相似关系	相似比	备注
几何性能	长度	S_L	S_L	0.100 0	控制尺寸
	面积	S_A	S_L^2	0.010 0	——
	线位移	S_L	S_L	0.100 0	——
	角位移	S_φ	1	1.000 0	——
材料性能	应变	S_ε	1	1.000 0	控制材料
	弹性模量	S_E	S_E	0.250 0	
	应力	S_σ	S_σ	0.250 0	
	质量密度	S_ρ	$S_E/(S_a/S_L)$	2.500 0	——
	质量	S_m	$S_\rho S_L^3$	0.002 5	——
	刚度	S_K	$S_\rho S_a S_L^2$	0.025 0	——
荷载性能	集中力	S_F	$S_\sigma S_L^2$	0.002 5	——
	线荷载	S_q	$S_\sigma S_L$	0.025 0	——
	面荷载	S_P	S_σ	0.250 0	——
	弯矩	S_M	$S_\sigma S_L 3$	0.000 3	——
动力性能	阻尼比	S_ζ	1	1.000 0	——
	周期	S_T	$\sqrt{S_L/S_a}$	0.316 2	——
	频率	S_f	$\sqrt{S_a/S_L}$	3.162 3	——
	速度	S_v	$\sqrt{S_a S_L}$	0.316 2	——
	加速度	S_a	S_a	1.000 0	控制试验
	重力加速度	S_g	1	1.000 0	——

在模型制作与试验过程中,长度相似系数与加速度相似系数严格按照相似比进行。

3.4.3　材性试验

本次试验用微粒混凝土模拟 C30 混凝土,根据强度相似关系换算后,微粒混凝土强度等级为 M7.5。为确定最佳微粒混凝土配比,试制了 4 种配合比微粒混凝土,将 4 种配合比微粒混凝土分别制作成边长 70.7 mm 立方体和 150 mm× 150 mm×300 mm 的棱柱体标准试件,每种配比立方体试件 6 块,棱柱体试件 3 块,共计 36 块试件,并在试验模型养护的同等条件下养护 28 天,然后进行材性试验。微粒混凝土与镀锌铁丝材性试验如图 3-20 所示,力学性能如表 3-5 所示。

(a)立方体强度测试　　　　(b)棱柱体弹性模量测试　　　　(c)镀锌铁丝拉伸

图 3-20　模型材料力学性能测试

表 3-5　模型材料力学性能

材料类别	配合比或规格	弹性模量		相关强度	
		试验值/ MPa	偏差/%	试验值/ MPa	偏差/%
微粒混凝土 (M7.5)	0.80∶0.60∶6.10∶1.31 (水泥∶石灰∶粗细骨料∶水)	7 510	0.1	3.11	−58.5
	0.80∶0.80∶6.10∶1.31 (水泥∶石灰∶粗细骨料∶水)	5 390	−28.1	4.71	−37.2
	1.00∶0.60∶6.10∶1.31 (水泥∶石灰∶粗细骨料∶水)	7 220	−3.7	7.30	−2.7
	1.00∶0.80∶6.10∶1.31 (水泥∶石灰∶粗细骨料∶水)	6 780	−9.6	6.75	−10.0
镀锌铁丝	12#～20#(0.8～2.8 mm)	193 000	—	286.61	—

注:相关强度一栏,微粒混凝土为立方体轴心抗压强度标准值,镀锌铁丝为屈服强度。

根据材性试验结果,微粒混凝土最佳配合比为 1.00 ∶ 0.60 ∶ 6.10 ∶ 1.31 (水泥∶石灰∶粗细骨料∶水)。

3.4.4　试验模型设计与制作

1)模型配筋

根据表 3-5,取镀锌铁丝强度设计值为 286 MPa,取微粒混凝土强度 7.30 MPa,对缩尺模型进行配筋计算。钢筋混凝土框架结构中主要涉及梁、板、柱常规构件,相应振动台模型的构件中配筋计算主要依据各构件的抗弯矩承载力值及抗剪切承载力值等效的原则确定模型的纵向钢筋及箍筋。

对于原型结构,

$$M_{\mathrm{p}} = f_{\mathrm{y}}^{\mathrm{p}} A_{\mathrm{s}}^{\mathrm{p}} h_0^{\mathrm{p}} \tag{3-2}$$

$$V^{\mathrm{p}} = f_{\mathrm{yv}}^{\mathrm{p}} \frac{A_{\mathrm{sv}}^{\mathrm{p}}}{s^{\mathrm{p}}} h_0^{\mathrm{p}} \tag{3-3}$$

式中　M——弯矩,kN·m;

　　　V——剪力,kN;

　　　f_{y}——纵向钢筋设计强度,N/mm²;

　　　A_{s}——纵向钢筋面积,mm²;

　　　h_0——截面有效高度,kN·m;

　　　f_{yv}——箍筋设计强度,N/mm²;

　　　A_{sv}——箍筋面积,mm²;

　　　S——箍筋间距,mm。

上标 p 表示原型结构,上标 m 表示缩尺模型。

对于结构模型,

$$M_{\mathrm{m}} = f_{\mathrm{y}}^{\mathrm{m}} A_{\mathrm{s}}^{\mathrm{m}} h_0^{\mathrm{m}} \tag{3-4}$$

$$V^{\mathrm{m}} = f_{\mathrm{yv}}^{\mathrm{m}} \frac{A_{\mathrm{sv}}^{\mathrm{m}}}{s^{\mathrm{m}}} h_0^{\mathrm{m}} \tag{3-5}$$

故,

$$S_{\mathrm{M}} = \frac{M^{\mathrm{m}}}{M^{\mathrm{p}}} = \frac{f_y^{\mathrm{m}} A_s^{\mathrm{m}} h_0^{\mathrm{m}}}{f_y^{\mathrm{p}} A_s^{\mathrm{p}} h_0^{\mathrm{p}}} = S_{\mathrm{fy}} S_{\mathrm{L}} \frac{A_s^{\mathrm{m}}}{A_s^{\mathrm{p}}} \tag{3-6}$$

模型纵筋面积为:

$$A_s^{\mathrm{m}} = A_s^{\mathrm{p}} \frac{S_\sigma S_{\mathrm{L}}^2}{S_{\mathrm{fy}}} \tag{3-7}$$

同理,模型箍筋面积为:

$$A_{sv}^{\mathrm{m}} = A_{sv}^{\mathrm{p}} \frac{S_\sigma S_{\mathrm{L}} S_s}{S_{\mathrm{fyv}}} \tag{3-8}$$

根据式(3-7)和式(3-8),经过换算可得到振动台模型所有构件的配筋。振动台模型典型构件配筋如图 3-21 所示。

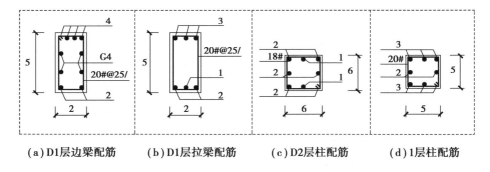

(a)D1层边梁配筋　　(b)D1层拉梁配筋　　(c)D2层柱配筋　　(d)1层柱配筋

图 3-21　典型构件配筋

2)隔震层相似

隔震层等效的基本原则是使模型与原型隔震层在力学性能上保持相似关系,对于山地掉层框架隔震结构来说就是确保模型的上、下接地隔震层力学性能与原模型保持相似关系。

设计隔震结构缩尺模型时,将原型结构隔震层设计成结构模型隔震层,合理步骤是:

①按照等效原则,将原型结构隔震层简化前的 32 个橡胶支座简化为 8 个橡胶支座,确定简化后 8 个橡胶支座的布置位置及性能参数;

②考虑振动台的实际承载能力,按照相似理论,将橡胶支座的参数缩小,并把 8 个缩尺的橡胶支座的位置对应至结构模型的隔震层中。

在隔震层简化过程中,应同时满足刚度中心等效、质量中心等效、抗倾覆矩等效、抗扭转矩等效 4 个原则。

(1)刚度中心等效

假设水平力集中作用于下部隔震层刚度中心,此时隔震层不产生扭转,水平移动单位位移 1。简化前和简化后隔震层刚度中心应处于同一位置,以刚度中心为原点建立刚度中心相同方程为:

$$\frac{\sum\limits_{i=1}^{n}(K_{i,\mathrm{eq}} \times x_i)}{K_{\mathrm{EQ}}} = \frac{\sum\limits_{j=1}^{m}(K_{\mathrm{eq},j} \times X_j)}{K_{\mathrm{EQ}}} \tag{3-9}$$

$$\frac{\sum\limits_{i=1}^{n}(K_{i,\mathrm{eq}} \times y_i)}{K_{\mathrm{EQ}}} = \frac{\sum\limits_{j=1}^{m}(K_{\mathrm{eq},j} \times Y_j)}{K_{\mathrm{EQ}}} \tag{3-10}$$

式中,n,$K_{i,\mathrm{eq}}$,x_i,y_i 分别为简化前橡胶支座数量、等效水平刚度、距 Y 轴距离及距 X 轴距离;m,$K_{\mathrm{eq},j}$,X_j,Y_j 分别为简化后橡胶支座数量、等效水平刚度、距 Y 轴距离及距 X 轴距离;K_{EQ} 为隔震层等效水平总刚度。

(2)质量中心等效

将上部结构质量中心投影至下部隔震层一点。假设竖向力集中作用于隔震层这一点,此时隔震层不产生倾覆,竖向移动单位位移 1。将隔震层这一点同样称为质量中心。简化前和简化后隔震层质量中心应处于同一位置,以质量中心为原点建立质量中心相同方程为:

$$\frac{\sum\limits_{i=1}^{n}(K_{i,\mathrm{v}} \times x_i)}{K_{\mathrm{V}}} = \frac{\sum\limits_{j=1}^{m}(K_{\mathrm{v},j} \times X_j)}{K_{\mathrm{V}}} \tag{3-11}$$

$$\frac{\sum\limits_{i=1}^{n}(K_{i,\mathrm{v}} \times y_i)}{K_{\mathrm{V}}} = \frac{\sum\limits_{j=1}^{m}(K_{\mathrm{v},j} \times Y_j)}{K_{\mathrm{V}}} \tag{3-12}$$

式中，$K_{i,v}$，$K_{v,j}$ 分别为简化前竖向总刚度及简化后竖向总刚度；K_v 为隔震层竖向总刚度。

（3）抗倾覆矩等效

假设由于任意竖向力作用，隔震层围绕质量中心所在坐标轴沿竖直方向转动单位角度 1，产生抗倾覆矩抵抗竖向力作用。对相同竖向力作用，简化前和简化后隔震层应产生相同抗倾覆矩，以质量中心为原点建立抗倾覆矩等效方程为：

$$\sum_{i=1}^{n} (K_{i,v} \times x_i \times x_i) = \sum_{j=1}^{m} (K_{v,j} \times X_j \times X_j) \tag{3-13}$$

$$\sum_{i=1}^{n} (K_{i,v} \times y_i \times y_i) = \sum_{j=1}^{m} (K_{v,j} \times Y_j \times Y_j) \tag{3-14}$$

（4）抗扭转矩等效

假设由于任意水平力作用，隔震层围绕刚度中心水平转动单位角度 1，产生抗扭转矩抵抗水平力作用。对相同水平力作用，简化前和简化后隔震层应产生相同抗扭转矩，以刚度中心为原点建立抗扭转矩等效方程为：

$$\sum_{i=1}^{n} \left[K_{i,eq}(x_i^2 + y_i^2) \right] = \sum_{j=1}^{m} \left[K_{eq,j} \times (X_j^2 + Y_j^2) \right] \tag{3-15}$$

本书简化模型采用 8 个橡胶支座代替原模型 32 个橡胶支座，简化后橡胶支座坐标如表 3-6 所示。

表 3-6 简化前后橡胶支座坐标

接地层	支座编号	X	Y
上接地层	U1	35.7	51.3
	U2	35.7	54.3
	U3	65.7	51.3
	U4	65.7	54.3

续表

接地层	支座编号	X	Y
下接地层	D1	35.7	60.3
	D2	35.7	63.3
	D3	65.7	60.3
	D4	65.7	63.3

简化后模型橡胶支座位置如图 3-22、图 3-23 所示。

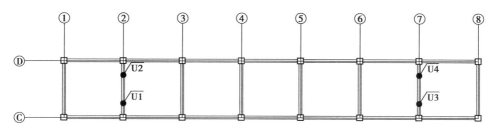

图 3-22　简化模型上接地层支座位置

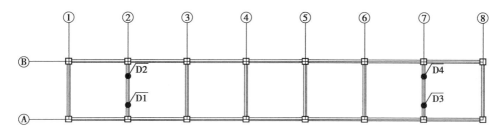

图 3-23　简化模型下接地层支座位置

简化模型和原模型上、下接地层刚度中心、质量中心、抗倾覆矩及抗扭转矩差异如表 3-7 所示。

表 3-7　隔震层等效后差异

接地层	刚心差异/%		质心差异/%		抗倾覆矩差异/%		抗扭矩差异/%
	X 向	Y 向	X 向	Y 向	X 向	Y 向	0.86
上接地层	0.00	0.60	0.00	0.27	1.05	0.30	−0.37
下接地层	0.00	−0.51	0.00	−0.23	1.05	−0.63	0.86

由表 3-7 可知,简化模型与原模型上、下接地层的刚度中心、质量中心、抗倾覆矩及抗扭转矩差异不超过 1.05%,简化后模型与原结构模型的隔震层具有一致的力学性能。

最后按照相似理论,将橡胶支座参数缩小,并把简化后的 8 个橡胶支座位置对应至结构模型隔震层,模型中橡胶支座的位置如图 3-24 所示。

图 3-24 模型隔震支座布置

3)模型橡胶支座

为方便模型的吊装以及隔震支座与振动台台面的连接,一般需要在结构模型底部制作一个刚性较大的底板,对于山地掉层隔震结构来说,上、下接地层均需要支座刚性较大的底板,隔震层以上质量包括相似后的结构模型和底板两部分。在隔震支座力学性能相似设计时应计入底板质量的影响。刘璐等提出将大质量的底板加入上部结构的质量中,用该总质量除以原型结构的质量,从而得出新的隔震层的质量相似常数 S_{im},用此质量相似常数求得隔震层屈服力的相似常数 S_{iF} 及刚度相似常数 S_{ik},以此更准确地设计相似等效后的隔震层参数。本书考虑了上、下接地层承台和底板质量的影响,隔震层屈服力和刚度相似系数分别修正为 0.002 9、0.029 2。

按照以上相似关系,试验采用 LRB100 橡胶支座,橡胶支座力学性能参数如表 3-8 所示。

根据橡胶支座设计理论并且考虑修正因子确定本次振动台试验橡胶支座 LRB100 的基本设计参数,如表 3-9 所示,橡胶支座如图 3-25 所示。

表 3-8 模型橡胶支座力学性能参数

屈服力/ kN	等效水平刚度/ (kN·mm⁻¹)	屈服后刚度/ (kN·mm⁻¹)	屈服前刚度/ (kN·mm⁻¹)
0.55	0.152	0.10	1.02

表 3-9 LRB100 橡胶支座参数

参数	取值
支座有效直径 D/mm	100
单层橡胶层厚度 t_r/mm	1.3
橡胶层数 n_1	20
橡胶层总厚度 T_r/mm	26
单层钢板厚度 t_s/mm	2
钢板层数 n_2	19
钢板总厚度/mm	38
铅芯直径 d/mm	12
保护层厚度/mm	2
第一形状系数 S_1	19.23
第二形状系数 S_2	3.85
封板厚度/mm	20
法兰板厚度/mm	20
支座总高度/mm	144

试验橡胶支座 LRB100 采用剪切模量为 0.29 N/mm² 的低硬度橡胶制作，上、下接地隔震层各 4 个，共计 8 个橡胶支座，并通过拟静力试验测试了橡胶支座的力学性能。橡胶支座的压剪性能在水平加载架上测试，如图 3-26 所示；竖向压缩和拉伸性能采用 10 t MTS 试验机进行测试，如图 3-27 所示。

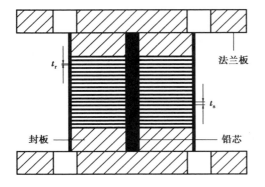

图 3-25　模型橡胶支座 LRB100

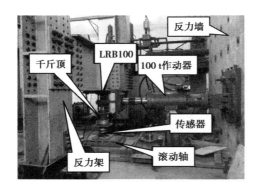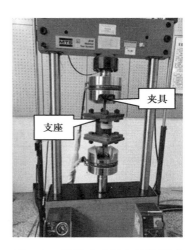

图 3-26　橡胶支座压剪性能测试　　　　图 3-27　橡胶支座竖向性能测试

　　水平剪切性能测试时,利用千斤顶竖向预加载,压力控制 3 MPa,水平向剪应变 $\gamma=100\%$(26 mm)加载,正弦加载循环 3 次,加载频率 $f=0.02$ Hz,水平剪切性能取第 3 次循环测试值。

　　竖向压缩刚度测试采用《橡胶支座 第 1 部分:隔震橡胶支座试验方法》(GB/T 20688.1—2007)6.3.1.3 款方法 2 加载 3 次,竖向压缩刚度按第 3 次加载循环测试值计算。一般认为橡胶隔震支座拉应变达到 10% 前橡胶隔震支座表现为弹性,因此对橡胶隔震支座拉伸刚度测试时采用位移加载控制,由 0 加载至 10% T_r,然后卸载至 0,循环加载 3 次,取第 3 次循环时的初始刚度作为橡胶隔震支座的拉伸刚度。

图 3-28 为橡胶隔震支座水平压剪滞回曲线。

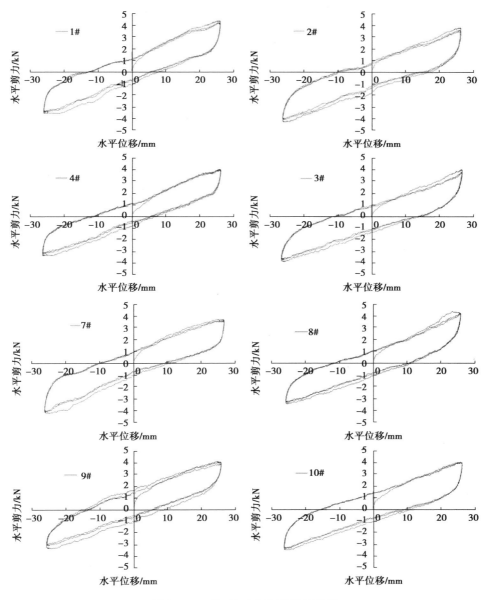

图 3-28 LRB100 水平压剪滞回曲线

由图 3-28 可知,试验所采用的 8 个橡胶隔震支座水平压剪滞回曲线饱满,力学性能稳定,水平力学性能参数如表 3-10 所示。

表 3-10　LRB100 水平力学性能测试值

编号	屈服力		等效水平刚度		屈服后刚度		屈服前刚度	
	试验值/ kN	偏差/ %	试验值/ (kN·mm⁻¹)	偏差/ %	试验值/ (kN·mm⁻¹)	偏差/ %	试验值/ (kN·mm⁻¹)	偏差/ %
1#	0.86	56.4	0.142	−6.6	0.109	9.0	1.014	−0.6
2#	0.95	72.7	0.139	−8.6	0.103	3.0	1.12	9.8
4#	0.82	49.1	0.139	−8.6	0.107	7.0	0.967	−5.2
6#	0.98	78.2	0.137	−9.9	0.1	0.0	1.156	13.3
7#	0.82	49.1	0.141	−7.2	0.11	10.0	0.967	−5.2
8#	0.94	70.9	0.146	−3.9	0.11	10.0	1.108	8.6
9#	0.95	72.7	0.129	−15.1	0.093	−7.0	1.12	9.8
10#	1.03	87.3	0.137	−9.9	0.097	−3.0	1.215	19.1
平均值	0.92	67.3	0.139	8.7	0.103	3.0	1.083	6.2
标准差	0.07	—	0.005	—	0.006	—	0.085	—

由表 3-10 可知,8 个模型橡胶支座的水平力学性能偏差不大,性能比较稳定,但是屈服力普遍高于理论值,且偏差较大。

图 3-29 为模型橡胶隔震支座 LRB100 竖向压缩荷载-位移曲线,图 3-30 为模型橡胶隔震支座 LRB100 竖向拉伸荷载-位移曲线。

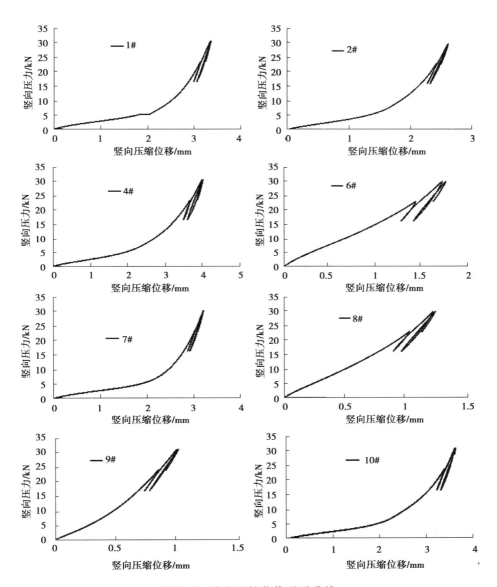

图 3-29　竖向压缩荷载-位移曲线

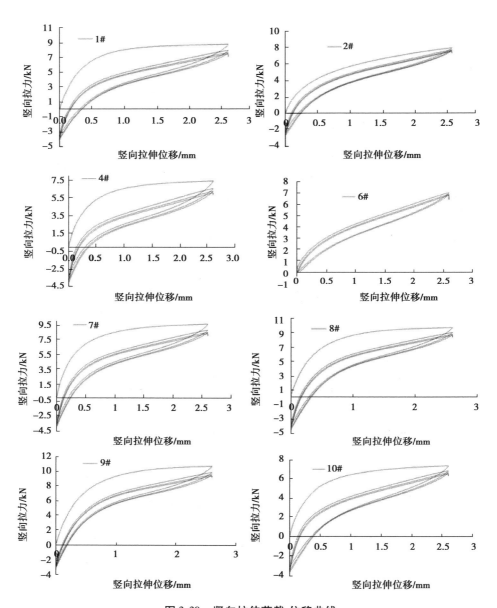

图 3-30　竖向拉伸荷载-位移曲线

竖向压缩和拉伸刚度试验结果见表3-11。

表 3-11 竖向性能测试值

编号	竖向压缩刚度/（kN·mm⁻¹）	竖向拉伸刚度/（kN·mm⁻¹）	拉伸压缩刚度比
1#	47.19	12.96	0.27
2#	47.68	11.62	0.24
4#	35.89	10.75	0.30
6#	39.57	8.17	0.21
7#	48.41	14.03	0.29
8#	49.48	13.60	0.27
9#	59.86	14.51	0.24
10#	44.51	10.45	0.23
平均值	46.57	12.01	0.26
标准差	6.69	2.01	0.30

由表3-11可知,8个模型橡胶支座的竖向压缩与拉伸力学性能偏差不大,性能比较稳定。

4）模型制作

振动台试验模型安装示意图如图3-31所示,试验模型制作时按照由下往上的顺序逐层施工,先浇筑钢筋混凝土底板与承台,然后安装下接地层三维力传感器和橡胶支座,再浇筑下接地层底板,接着安装上接地层三维力传感器和橡胶支座并浇筑掉1层和0层(为方便表述,上接地层定义为0层)梁、板、柱,最后浇筑 1、2、3、4 层梁、板、柱。上、下接地层底板和底座与承台采用 C30 混凝土,其他部分采用 M7.5 微粒混凝土,振动台模型制作过程如图 3-32 所示。浇筑完毕,保养 28 天后再将模型整体吊装至振动台台面上,最后按相似关系在每个楼层添加相应配重,配重与模型楼面用砂浆粘接,配重模型如图 3-33 所示。

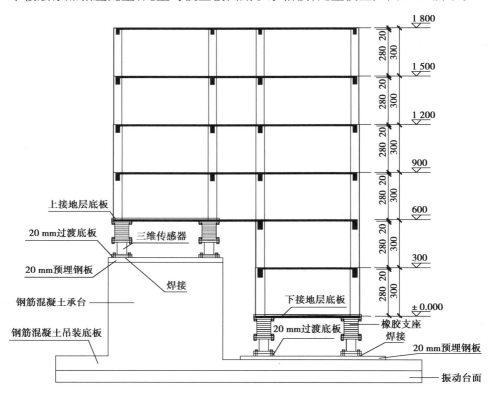

图 3-31　振动台试验模型装配示意图

（a）底板与承台钢筋笼

（b）底座与承台

（c）掉层混凝土浇筑

（d）顶层混凝土浇筑

图 3-32　振动台模型制作

图 3-33　配重模型

3.5 振动台试验方案

3.5.1 测点布置

本次试验共采用了两种传感器,即三维力传感器和加速度传感器。在进行的一系列试验工况中,三维力传感器可直接测得各橡胶支座竖向、水平荷载时程响应;加速度传感器可直接测得各测点加速度时程响应,并通过二次积分间接得到各测点的位移时程响应;根据白噪声激励下结构的加速度频谱响应,经分析可得到试验各阶段结构的自振频率,进而判断结构的损伤情况。本次试验中三维力传感器采用国产金诺 JDS-5T,加速度的采集使用了 BK 压电式加速度传感器,加速度和应变测量数据的采集采用 DH5922 动态数据采集系统,为验证加速度传感器积分测得位移的准确性,在上、下接地层分别设置了位移轨迹装置,且为了方便观察设置了位移观察指针。

三维力传感器共使用了 8 个,每个三维力传感器通过 8.8 级高强螺栓 M20 与橡胶支座串联。由于模型施工过程中存在误差,因此各橡胶支座竖向受压不均匀,为方便调整橡胶支座竖向力,在三维力传感器与混凝土承台或底板间加入 20 mm 厚过渡钢板,通过调整螺栓调节橡胶支座的竖向受力,使橡胶支座竖向受力均匀,三维力传感器连接如图 3-34 所示,橡胶支座与三维力传感器平面布置如图 3-35 所示。

根据 DH5922 动态数据采集系统通道数量以及楼层的重要性,本试验共设置了 17 个加速度传感器,其中振动台台面 X 向、Y 向各设置了 1 个加速度传感器,其他加速度传感器设置在模型楼层处(2 层未设置),这样 X 向共设置了 10 个加速度传感器,Y 向共设置了 7 个加速度传感器,加速度传感器布置图如图 3-36 所示。

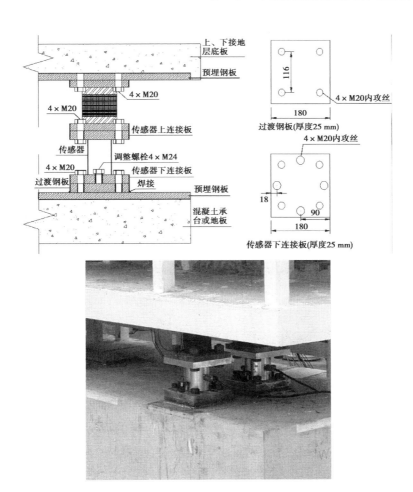

图 3-34　三维力传感器连接

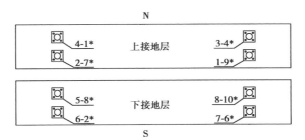

注:带 * 的数字表示支座编号,未带 * 的数字表示传感器编号。

图 3-35　橡胶支座与三维力传感器平面布置

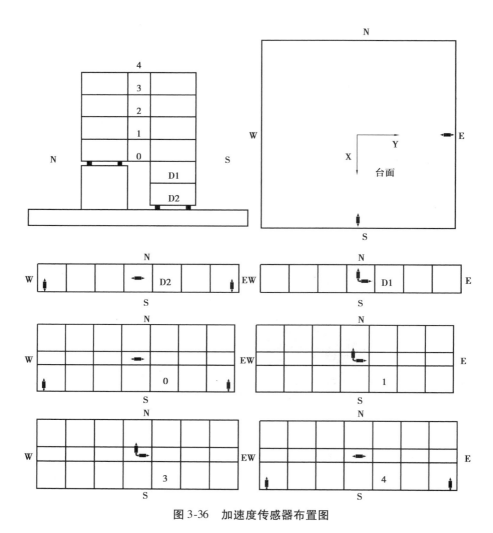

图 3-36　加速度传感器布置图

　　位移轨迹记录仪在上、下接地层各设置一套,用以记录各工况下上、下接地层位移变化量,同时在上接地层 X 向、Y 向分别设置了位移变化的位移观察指针,方便观察隔震层的位移变化,如图 3-37 所示。

图 3-37　位移轨迹记录仪及位移观察指针

3.5.2　地震动选择

地震的发生是概率性事件,为了能够对结构抗震能力进行合理的估计,在进行结构动力分析时,应选择合适的地震波输入,对于传统抗震结构来说,应根据《建筑抗震设计规范》(GB 50011—2010)第 5.1.2 条第 3 款规定,弹性时程分析时,每条时程曲线计算所得结果底部剪力不应小于振型分解反应谱法计算结果的 65%,多条时程曲线计算所得结构底部剪力的平均值不应小于振型分解反应谱法计算结果的 80%。

对于常规建筑来说,接地层只有一个,对基底剪力的对比非常明确。根据《建筑抗震设计规范》(GB 50011—2010)第 5.1.2 条第 3 款规定选取地震动是合理的,但是对于山地掉层隔震建筑来说,由于其接地层不唯一,并且模型中包含了非线性较强的橡胶隔震支座,基底剪力如何对比是一个非常困难的问题。因此本试验选取了Ⅱ类场地第三组的人工波、具有云南代表性的脉冲型地震动——鲁甸地震波以及适用于Ⅱ类场地的塔夫特波,三条地震波的信息如表 3-

12 所示,时程曲线及反应谱如图 3-38 所示。

表 3-12　地震动信息

地震波	发震时间	记录台站	方向	PGA/(cm·s⁻²)
人工波	—	—	—	100
塔夫特波	1952 年 7 月 21 日	TAFT LINCOLN SCHOOL TUNNEL	N21E	949.1
鲁甸波	2014 年 8 月 3 日	龙头山镇台站	EW	152.7

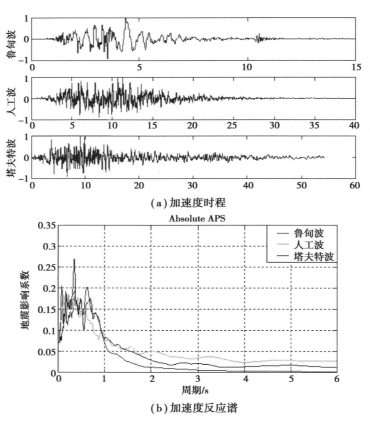

(a) 加速度时程

(b) 加速度反应谱

图 3-38　时程曲线及加速度反应谱

3.5.3　试验工况

试验原型结构的设防烈度为 8 度(0.2g),因此试验时直接取 8.0 度(0.2g)为基本设防烈度。在山地掉层隔震结构模型振动台试验过程中,由 8 度多遇地震开始加载,逐渐加大台面输入地震波的幅值,历经 8 度设防地震和 8 度罕遇地震,8.5 度罕遇地震、9.0 度罕遇地震的试验,试验前、试验后以及各水准地震作用之间用白噪声进行扫描,白噪声峰值为 0.05g,频率为 0.02 ~ 50 Hz。试验过程中各地震动以单向输入,各工况的编号、输入地震波名称及其峰值加速度如表 3-13 所示。

表 3-13　试验工况及顺序

工况编号	测试项目	地震波	主震方向	加速度峰值/g	备注
1	自振频率	第一次白噪声	X、Y	0.05	—
2	加速度、应变、位移	人工波	X	0.07	8 度小震
3	加速度、应变、位移		Y	0.07	
4	加速度、应变、位移	塔夫特波	X	0.07	
5	加速度、应变、位移		Y	0.07	
6	加速度、应变、位移	鲁甸波	X	0.07	
7	加速度、应变、位移		Y	0.07	
8	自振频率	第二次白噪声	X、Y	0.05	—
9	加速度、应变、位移	人工波	X	0.2	8 度中震
10	加速度、应变、位移		Y	0.2	
11	加速度、应变、位移	塔夫特波	X	0.2	
12	加速度、应变、位移		Y	0.2	
13	加速度、应变、位移	鲁甸波	X	0.2	
14	加速度、应变、位移		Y	0.2	
15	自振频率	第三次白噪声	X、Y	0.05	—

续表

工况编号	测试项目	地震波	主震方向	加速度峰值/g	备注
16	加速度、应变、位移	人工波	X	0.4	8度大震
17	加速度、应变、位移		Y	0.4	
18	加速度、应变、位移	塔夫特波	X	0.4	
19	加速度、应变、位移		Y	0.4	
20	加速度、应变、位移	鲁甸波	X	0.4	
21	加速度、应变、位移		Y	0.4	
22	自振频率	第四次白噪声	X、Y	0.05	—
23	加速度、应变、位移	人工波	X	0.51	8.5度大震
24	加速度、应变、位移		Y	0.51	
25	加速度、应变、位移	塔夫特波	X	0.51	
26	加速度、应变、位移		Y	0.51	
27	加速度、应变、位移	鲁甸波	X	0.51	
28	加速度、应变、位移		Y	0.51	
29	自振频率	第五次白噪声	X、Y	0.05	—
30	加速度、应变、位移	塔夫特波	X	0.62	9度大震
31	加速度、应变、位移		Y	0.62	
32	加速度、应变、位移	鲁甸波	X	0.62	
33	加速度、应变、位移		Y	0.62	
34	自振频率、阻尼	第六次白噪声	X、Y	0.05	—

为考察山地掉层隔震结构与山地掉层抗震结构模型在地震作用下的不同响应,在山地掉层隔震结构模型振动台试验完成后,将橡胶支座拆除,将三维力传感器直接与承台固定连接,将模型变成山地掉层抗震结构模型,然后对山地掉层抗震结构模型进行8度多遇、8度设防及8度罕遇地震作用下的振动台试验,试验前、试验后以及各水准地震作用之间用白噪声进行扫描,白噪声峰值为

$0.05g$,频率为 $0.02 \sim 50$ Hz,试验工况如表 3-14 所示。

表 3-14　试验工况及顺序

工况编号	测试项目	地震波	主震方向	加速度峰值/g	备注
1	自振频率	第一次白噪声	XY	0.05	—
2	加速度、应变、位移	人工波	X	0.07	8 度小震
3	加速度、应变、位移		Y	0.07	
4	加速度、应变、位移	塔夫特波	X	0.07	
5	加速度、应变、位移		Y	0.07	
6	加速度、应变、位移	鲁甸波	X	0.07	
7	加速度、应变、位移		Y	0.07	
8	自振频率	第一次白噪声	XY	0.05	—
9	加速度、应变、位移	人工波	X	0.2	8 度中震
10	加速度、应变、位移		Y	0.2	
11	加速度、应变、位移	塔夫特波	X	0.2	
12	加速度、应变、位移		Y	0.2	
13	加速度、应变、位移	鲁甸波	X	0.2	
14	加速度、应变、位移		Y	0.2	
15	自振频率	第一次白噪声	XY	0.05	—
16	加速度、应变、位移	人工波	X	0.4	8 度大震
17	加速度、应变、位移		Y	0.4	
18	加速度、应变、位移	塔夫特波	X	0.4	
19	加速度、应变、位移		Y	0.4	
20	加速度、应变、位移	鲁甸波	X	0.4	
21	加速度、应变、位移		Y	0.4	
22	自振频率、阻尼	第一次白噪声	XY	0.05	—

3.6 本章小结

首先,本章针对传统分部设计法的缺陷展开研究,提出了适用于山地掉层隔震结构设计的改进的水平向减震系数计算方法和包络设计法,并采用改进的水平向减震系数计算方法和包络设计法对振动台试验原型结构进行了设计,通过动力弹塑性时程分析对山地掉层隔震结构进行了罕遇地震作用下抗震性能验算。

其次,本章对微粒混凝土和镀锌铁丝进行了材性试验,确定了最优配比微粒混凝土、镀锌铁丝的强度和弹性模量,根据材性试验结果和相似关系确定了振动台模型各构件的配筋;详细介绍了山地掉层隔震结构隔震层的简化过程,在隔震层的简化过程中考虑了承台和底板质量对隔震层相似关系的影响,并进行了修正;根据修正的隔震层相似关系设计了模型橡胶支座 LRB100,并对各个模型橡胶支座的水平压剪性能、竖向受拉和受压性能进行了测试。

最后,本章还详细介绍了试验模型制作过程、地震动选择标准、试验测点布置以及试验工况。

第4章 振动台试验结果分析

4.1 引言

本章从楼层加速度,楼层位移,上、下接地层变形(对于隔震结构模型主要是隔震支座)的差异,对振动台试验现象和结果分别进行了描述和分析,包括山地掉层隔震和抗震结构模型试验现象和结果的对比分析,并与有限元分析结果进行了对比。

对于山地掉层隔震结构模型,主要研究了上、下接地隔震层以及上部结构反应。重点关注隔震层(隔震支座)变形、各楼层绝对加速度衰减系数、各楼层位移及层间位移角。对山地掉层隔震结构模型分别按表 3-13 所列的不同工况进行试验结果描述。

对于山地掉层抗震结构模型,主要研究了上、下接地层以及上部结构反应。重点关注上、下接地层的三维力传感器水平剪力、竖向轴力,各楼层绝对加速度衰减系数、各楼层位移及层间位移角。对山地掉层抗震结构模型分别按表 3-14 所列的不同工况进行试验结果描述。

4.2 隔震结构试验结果及分析

4.2.1 试验现象

在 34 个加载工况中，山地掉层隔震结构模型分别经历了 8 度多遇、8 度设防、8 度罕遇、8.5 度罕遇和 9 度罕遇地震作用，结构在整个试验过程中未发生整体倾覆、局部楼层坍塌等失效情况。在各工况加载过程中，结构以整体平动为主，变形主要集中在上、下接地隔震层，隔震支座剪切变形较为明显，但未发生显著扭转现象。试验结束后，隔震支座复位良好，隔震支座无撕裂、失稳现象。

通过对白噪声激励下所测得的 X、Y 向的加速度响应信号进行傅里叶变换，得到山地掉层隔震结构模型各水准地震作用后前 5 阶频谱，如图 4-1 所示。

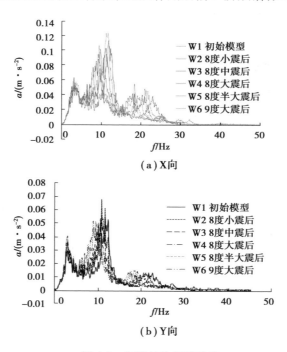

（a）X 向

（b）Y 向

图 4-1 隔震结构频谱响应

由图 4-1 可知,结构模型的 X 向、Y 向频谱响应图几乎重合。由此可知,山地掉层隔震结构模型在试验结束后结构频率变化不显著,但高阶频率有所变化。这主要是临时固定配重砂浆的松动引起的,而结构主体未见明显损伤,结构仍处于弹性阶段。山地掉层隔震结构模型的前 5 阶频率变化如表 4-1 所示。

表 4-1　山地掉层隔震结构模型前 5 阶频率变化

工况	频率/Hz					频率变化率/%				
	1 阶	2 阶	3 阶	4 阶	5 阶	1 阶	2 阶	3 阶	4 阶	5 阶
W1(初始模型)	2.197	2.197	2.686	3.052	3.296	—	—	—	—	—
W2(8 度小震后)	2.197	2.197	2.686	3.052	3.296	0.0	0.0	0.0	0.0	0.0
W3(8 度中震后)	2.197	2.197	2.686	3.052	3.296	0.0	0.0	0.0	0.0	0.0
W4(8 度大震后)	2.197	2.197	2.686	3.052	3.296	0.0	0.0	0.0	0.0	0.0
W5(8.5 度大震后)	2.197	2.197	2.686	3.052	3.296	0.0	0.0	0.0	0.0	0.0
W6(9 度大震后)	2.197	2.197	2.686	3.052	3.296	0.0	0.0	0.0	0.0	0.0

山地掉层隔震结构模型在经历 8 度多遇、8 度设防、8 度罕遇、8.5 度罕遇和 9 度罕遇地震作用后仍处于弹性状态,充分说明隔震技术不仅可应用于常规建筑,也可在山地建筑中应用,可以大幅度提高山地建筑的抗震性能。结构模型在 9 度罕遇地震作用下保持弹性,达到了“大震不坏”,设防水准,远高于“小震不坏,中震可修,大震不倒”的三水准,直接证明包络设计法在进行山地掉层结构设计时是有效的。

4.2.2　楼层加速度

为方便表述,规定上接地层及以上部分的楼层编号从下到上依次为 0 层、1 层、2 层等,掉 1 层、掉 2 层依次为 -1 层、-2 层,-3 层则表示台面。定义各楼层峰值加速度与台面输入峰值加速度比为各楼层加速度衰减系数,模型的加速度衰减系数如图 4-2—图 4-6 所示。

如图 4-2 所示,山地掉层隔震结构模型在 8 度多遇地震作用下,X 向加速度衰减系数自下接地层处先逐渐减小,在上接地层的上一层处达到最小值,随着楼层数增加,加速度衰减系数又逐渐增大,顶层达到最大值 0.98;Y 向加速度衰减系数与 X 向略有不同,加速度衰减系数在掉 1 层处先增大然后呈现逐层衰减的趋势,到顶层突然增大至最大值为 0.97。

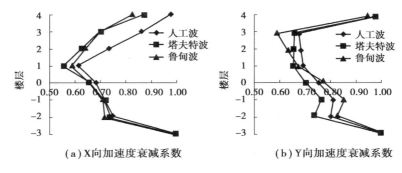

(a) X 向加速度衰减系数　　　　(b) Y 向加速度衰减系数

图 4-2　8 度多遇地震

山地掉层隔震结构模型在 8 度设防地震作用下各楼层加速度衰减系数如图 4-3 所示。8 度设防地震所用下,X 向加速度衰减系数自下接地层处先减小后增大,3 条地震波的加速度衰减系数最小值出现在不同楼层,人工波出现在掉 1 层,最小值为 0.54,塔夫特波出现在上接地层,最小值为 0.54,鲁甸波出现在上接地层的上一层,最小值为 0.37;Y 向加速度衰减系数 3 条波的趋势不尽相同,人工波和鲁甸波的趋势近似相同,均为逐层先减小,至顶层突然增大,而塔夫特波的加速度衰减系数则是逐层缓慢减小,至顶层突然增大,3 条波的加速度衰减系数最大值均出现在顶层。

山地掉层隔震结构模型在 8 度罕遇地震作用下各楼层加速度衰减系数如图 4-4 所示。X 向加速度衰减系数呈现自下接地层处先减小后增大的趋势,3 条地震波的加速度衰减系数最小值均出现在上接地层的上一层,顶层加速度衰减系数最大,最大值为 0.87;Y 向加速度衰减系数 3 条波的趋势不尽相同,人工波和鲁甸波在掉 1 层先增大然后减小,至上接地层的上一层鲁甸波的加速度衰减系数达到最小值 0.31,然后逐层增大,到顶层放大至最大值 0.51,而人工波则自掉 1 层开始逐层减小,至顶层突然增大,最大值为 0.61,塔夫特波的加速度衰减系数逐层缓慢减小,至顶层突然增大至最大值 0.66。

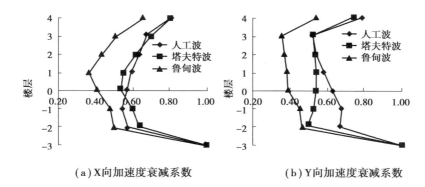

（a）X向加速度衰减系数　　　　（b）Y向加速度衰减系数

图 4-3　8 度设防地震

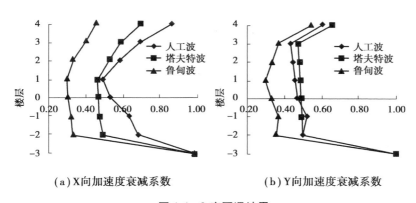

（a）X向加速度衰减系数　　　　（b）Y向加速度衰减系数

图 4-4　8 度罕遇地震

山地掉层隔震结构模型在 8.5 度罕遇地震作用下各楼层加速度衰减系数如图 4-5 所示。X 向加速度衰减系数人工波和鲁甸波的加速度衰减系数均呈现先减小后增大的趋势,人工波加速度衰减系数最小值出现在上接地层的上一层,最小值为 0.51,而鲁甸波加速度衰减系数最小值出现在上接地层,最小值为 0.25,塔夫特波的加速度衰减系数则呈现出逐层增大的趋势,最大值在顶层,最大值为 0.62;Y 向加速度衰减系数人工波和鲁甸波的分布趋势相同,在掉 1 层处增大,然后再逐层减小,至上接地的上一层达到最小值,然后逐层增大,至顶层处的加速度衰减系数突然增大,达到最大值,而塔夫特波的加速度衰减系数则呈现逐层增大的趋势,至顶层突然增大,达到最大值。

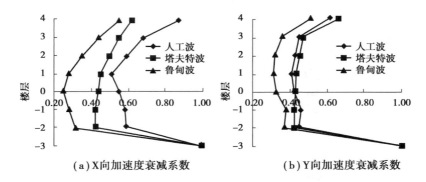

(a)X向加速度衰减系数　　　　　(b)Y向加速度衰减系数

图4-5　8.5度罕遇地震

山地掉层隔震结构模型在9度罕遇地震作用下各楼层加速度衰减系数如图4-6所示。X向加速度衰减系数,鲁甸波的加速度衰减系数先减小后增大,最小值出现在上接地层,最小值为0.26,然后逐层增大,到顶层达到最大值0.70,而塔夫特波加速度衰减系数则呈现逐层增大的趋势,最大值为0.59;Y向加速度衰减系数,鲁甸波和塔夫特波呈现相同趋势,在掉1层处增大,然后在上接地层达到最小值,然后逐层增大,顶层处的加速度衰减系数突然增大。

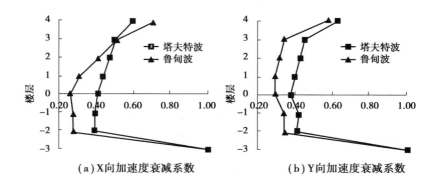

(a)X向加速度衰减系数　　　　　(b)Y向加速度衰减系数

图4-6　9度罕遇地震

在各条地震波作用下,将山地掉层隔震结构模型各楼层加速度衰减系数最

大值的平均值定义为减震控制效果,数值越小减震控制越好,反之越差。图4-7
为山地掉层隔震结构模型减震控制效果图。

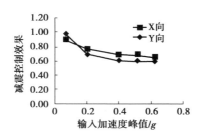

图4-7　山地掉层隔震模型减震控制效果

由图4-7可知,随着地震波输入幅值的增大,山地掉层隔震结构模型的 X
向、Y 向减震控制效果逐渐变好,8 度多遇地震下减震控制效果不明显,8 度设
防地震、8 度罕遇地震、8.5 度罕遇地震和9 度罕遇地震作用下减震幅度在30% ~
40% ,这说明橡胶隔震支座发挥了良好的隔震效能,通过自身的变形消耗地震
波输入上部结构的大部分能量,有效地减少了上部结构的地震加速度反应,显
示出隔震结构的优越性。

由图4-2—图4-7可知:

①山地掉层隔震结构模型的楼层加速度衰减系数均小于1,楼层加速度
减小。

②山地掉层隔震结构模型的楼层加速度衰减系数的分布规律在不同水准
地震作用下不尽相同,与地震动输入的幅值密切相关,楼层加速度衰减系数随
地震波输入幅值的增大呈现减小的趋势。

③山地掉层隔震结构模型的楼层加速度衰减系数的分布规律在各水准地
震作用下不尽相同,与地震频谱密切相关。

图4-8为8 度设防地震作用下人工波加速度时程曲线,在 X 向、Y 向,下接
地层、上接地层以及顶层加速度峰值衰减明显,上、下接地层和顶层的加速度明
显小于台面加速度,这一现象充分说明地震动能量经过隔震层的滤波效应后上
部结构振幅明显降低,高频地震动分量也被过滤掉,因此结构遭受的地震作用

显著降低。表4-2为山地掉层隔震结构各地震波加速度衰减系数包络值。由表4-2可以看出随着地震烈度的增大,衰减系数呈逐渐减小的趋势。

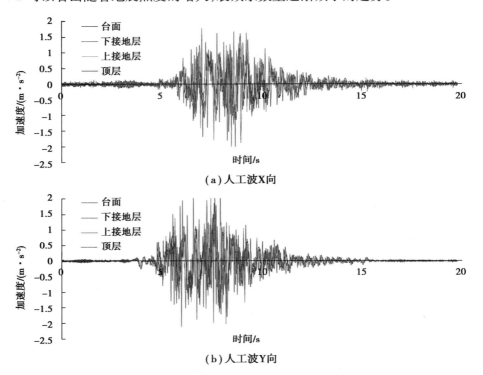

（a）人工波X向

（b）人工波Y向

图4-8　8度设防地震作用下楼层加速度时程曲线

表4-2　山地掉层隔震结构模型加速度衰减系数

地震波		8度多遇地震	8度设防地震	8度罕遇地震	8.5度罕遇地震	9度罕遇地震
X向	人工波	0.98	0.81	0.87	0.88	—
	塔夫特波	0.87	0.80	0.70	0.62	0.59
	鲁甸波	0.83	0.66	0.47	0.55	0.70
	平均值	0.89	0.76	0.68	0.68	0.65

续表

地震波		8 度多遇地震	8 度设防地震	8 度罕遇地震	8.5 度罕遇地震	9 度罕遇地震
Y 向	人工波	0.97	0.79	0.61	0.61	—
	塔夫特波	0.98	0.74	0.65	0.66	0.63
	鲁甸波	0.94	0.54	0.54	0.51	0.58
	平均值	0.96	0.69	0.60	0.59	0.61

4.2.3　楼层位移

图 4-9—图 4-13 为山地掉层隔震结构模型各条地震波在 8 度多遇地震、8 度设防地震、8 度罕遇地震、8.5 度罕遇地震以及 9 度罕遇地震作用下的楼层相对位移图。

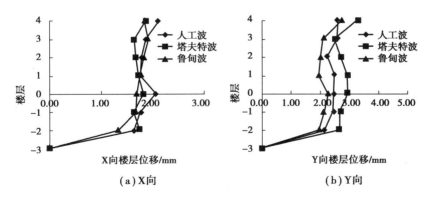

（a）X 向　　　　　　　　　　（b）Y 向

图 4-9　8 度多遇地震

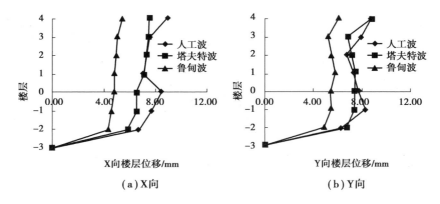

(a) X向   (b) Y向

图 4-10   8 度设防地震

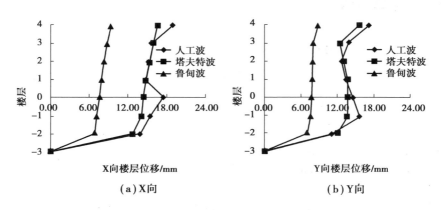

(a) X向   (b) Y向

图 4-11   8 度罕遇地震

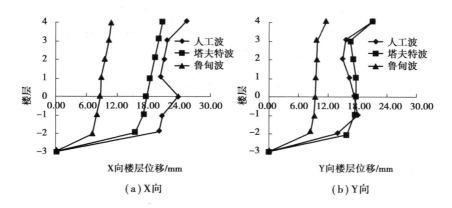

(a) X向   (b) Y向

图 4-12   8.5 度罕遇地震

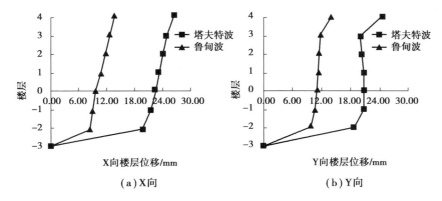

图 4-13 9 度罕遇地震

由图 4-9—图 4-13 可知：

①山地掉层隔震结构模型的隔震层位移反应与输入地震动的频谱特性紧密相关。在脉冲型地震动鲁甸波作用下,山地掉层隔震结构模型下接地隔震层位移最小,塔夫特波次之,人工波最大。

②山地掉层隔震结构模型在各水准地震作用下,X 向、Y 向变形主要集中在上、下隔震层,结构以平动为主,未出现明显薄弱层,楼层相对位移随高度的增加逐渐增大,但在各水准地震作用下人工波在上接地层处 X 向楼层位移出现突然增大的现象,各条地震波 Y 向顶层位移出现突然增大的现象。

③山地掉层隔震结构模型楼层相对位移随着地震波幅值的增加而逐渐增大,定义顶层楼层位移放大系数为顶层相对位移与下接地层相对位移之比,则顶层楼层位移放大系数随着地震波幅值的增加而增大,顶层位移放大系数如表 4-3 所示。

表 4-3 顶层位移放大系数

地震波		8 度多遇地震	8 度设防地震	8 度罕遇地震	8.5 度罕遇地震	9 度罕遇地震
X 向	人工波	1.28	1.33	1.35	1.27	—
	塔夫特波	1.07	1.28	1.30	1.33	1.34
	鲁甸波	1.36	1.24	1.38	1.47	1.61
	平均值	1.24	1.28	1.34	1.36	1.48

续表

地震波		8度多遇地震	8度设防地震	8度罕遇地震	8.5度罕遇地震	9度罕遇地震
Y向	人工波	1.23	1.37	1.52	1.51	—
	塔夫特波	1.22	1.32	1.30	1.33	1.30
	鲁甸波	1.39	1.23	1.25	1.40	1.43
	平均值	1.28	1.31	1.36	1.41	1.37

图 4-14—图 4-18 为山地掉层隔震结构模型在 8 度多遇地震、8 度设防地震、8 度罕遇地震下、8.5 度罕遇地震以及 9 度罕遇地震作用下塔夫特波的下接地隔震层相对位移轨迹图。

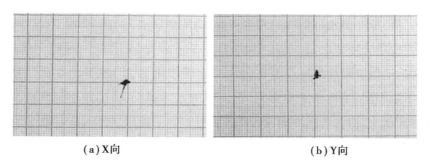

(a) X向   (b) Y向

图 4-14 8 度多遇地震

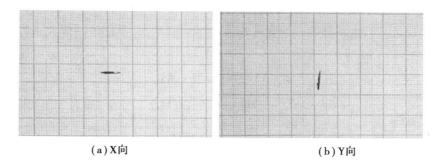

(a) X向   (b) Y向

图 4-15 8 度设防地震

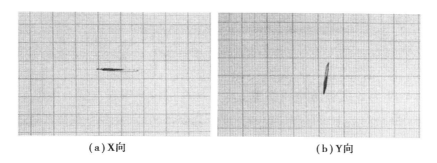

（a）X向　　　　　　　　　　　　（b）Y向

图 4-16　8 度罕遇地震

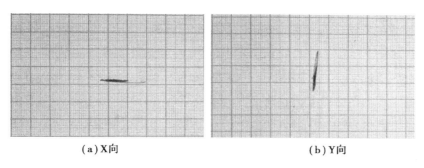

（a）X向　　　　　　　　　　　　（b）Y向

图 4-17　8.5 度罕遇地震

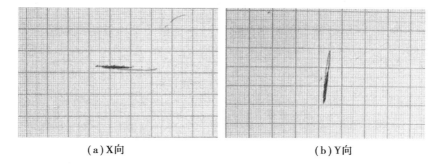

（a）X向　　　　　　　　　　　　（b）Y向

图 4-18　9 度罕遇地震

由图 4-14—图 4-18 可知：

①山地掉层隔震结构模型下接地隔震层 X 向、Y 向的相对位移均随着塔夫特波幅值的增加而逐渐增大，与山地掉层隔震结构模型楼层相对位移图结论相互印证。

②在各水准地震作用下，下接地隔震层位移轨迹几乎呈一条直线，说明山

地掉层隔震结构模型的扭转效应不明显。

人工波与鲁甸波可以得到相同的结论,同样上接地隔震层也可得到相同的规律。

图 4-19 为 8 度设防地震作用下人工波楼层位移时程曲线。由图 4-19 可知,上接地隔震层、下接地隔震层与顶层位移同步性较好,各时刻位移差值也非常小,说明楼层变形是以一阶平动变形为主,与山地掉层隔震结构楼层相对位移图结论相互印证。

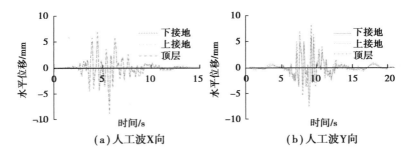

(a) 人工波 X 向　　　　　　　　　(b) 人工波 Y 向

图 4-19　人工波 8 度设防地震下楼层位移时程曲线

表 4-4、表 4-5 分别为山地掉层隔震结构模型在 8 度设防地震、8 度罕遇地震作用下的上、下接地隔震层实测位移值经过相似关系换算后与试验原型有限元分析值对比。

表 4-4　8 度设防地震作用

地震波		试验原型		振动台模型		差值	
		上接地层 位移/mm	下接地层 位移/mm	上接地层 位移/mm	下接地层 位移/mm	上接地层/ %	下接地层/ %
X 向	人工波	34.3	32.7	64.2	50.8	-46.6	-35.6
	塔夫特波	41.1	39.8	50.1	44.8	-18.0	-11.2
	鲁甸波	31.7	28.1	44.5	39.9	-28.8	-29.6
Y 向	人工波	36.1	31.1	58.1	47.6	-39.9	-34.7
	塔夫特波	43.6	38.2	50.9	56.2	-14.3	-32.0
	鲁甸波	36.2	31.1	49.3	45.0	-26.6	-30.9

表 4-5　8 度罕遇地震作用

地震波		试验原型		振动台模型		差值	
		上接地层位移/mm	下接地层位移/mm	上接地层位移/mm	下接地层位移/mm	上接地层/%	下接地层/%
X 向	人工波	97.9	94.1	117.8	102.0	−16.9	−5.8
	塔夫特波	89.9	88.1	109.8	97.6	−18.1	−9.7
	鲁甸波	59.6	54.6	70.2	62.9	−15.1	−13.2
Y 向	人工波	100.9	91.9	101.3	85.5	−0.4	7.5
	塔夫特波	93.4	85.5	103.3	91.3	−9.6	−6.4
	鲁甸波	60.2	54.6	720.8	64.5	−15.0	−15.3

由表 4-4 可知,设防地震作用下,除人工波外,上、下接地隔震层最大位移误差在 11.2% ～37.9%,差异较小。由表 4-5 可知,罕遇地震作用下,上、下接地隔震层最大位移误差在 0.4% ～18.1%,差异较小,因此振动台模型与原结构有限元模型振动特性差异不大。

图 4-20—图 4-24 为山地掉层隔震结构模型在 8 度多遇地震、8 度设防地震、8 度罕遇地震下、8.5 度罕遇地震以及 9 度罕遇地震作用下各条地震波楼层层间位移角(上接地层层间位移角特指掉层部分)。

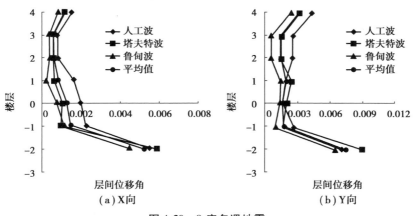

（a）X 向　　　（b）Y 向

图 4-20　8 度多遇地震

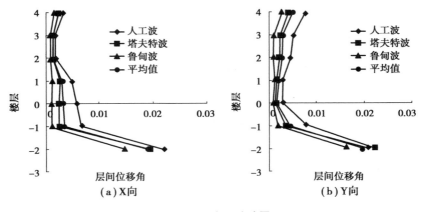

图 4-21 8 度设防地震

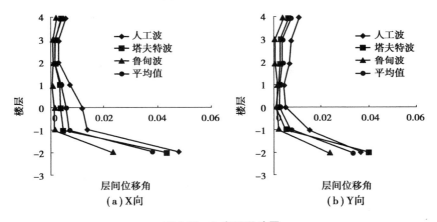

图 4-22 8 度罕遇地震

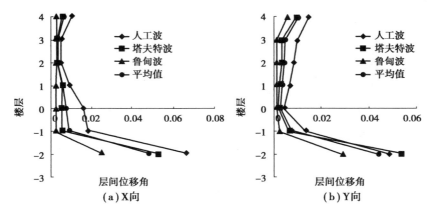

图 4-23 8.5 度罕遇地震

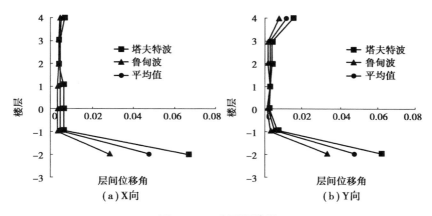

图 4-24 9 度罕遇地震

由图 4-20—图 4-24 可知：

①山地掉层隔震结构模型在天然波下 X 向层间位移角沿楼层高度的变化规律一致,除顶层放大明显外,其他各楼层偏差不大,可见上部结构的变形以均匀的剪切型变形为主,也说明上部结构无明显薄弱层,与山地掉层隔震结构模型楼层相对位移图得到结论一致。但在人工波激励下,X 向层间位移角逐层减小,至顶层又增大;而 Y 向层间位移角变化规律 3 条地震波基本一致,即上接地层的层间位移角较小,上接地层以上楼层层间位移角逐渐增大,顶层达到最大值。

②山地掉层隔震结构模型在各地震波的激励下各楼层的层间位移角人工波最大,塔夫特波次之,鲁甸波最小,人工波起控制作用。可见层间位移角与输入地震动的频谱紧密相关。

4.2.4 隔震层反应

图 4-25—图 4-29 分别为山地掉层隔震结构模型在 8 度多遇地震、8 度设防地震、8 度罕遇地震、8.5 度罕遇地震、9 度罕遇地震作用下上接地隔震层、下接地隔震层水平位移—水平剪力滞回曲线。

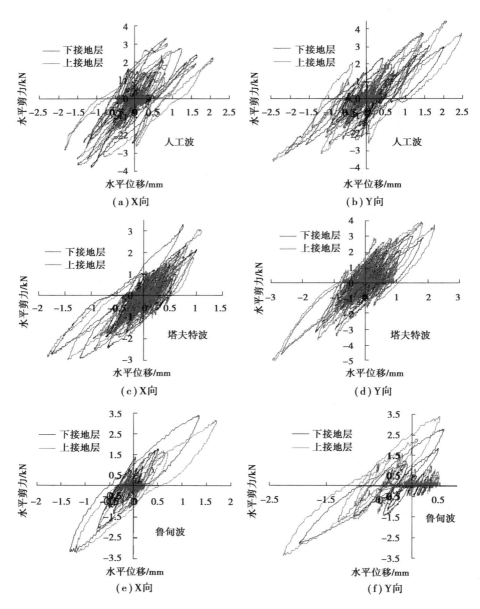

图 4-25 8 度多遇地震

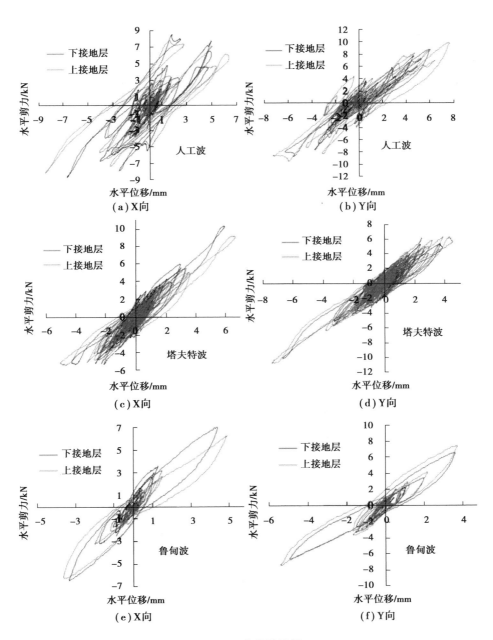

图 4-26　8 度设防地震

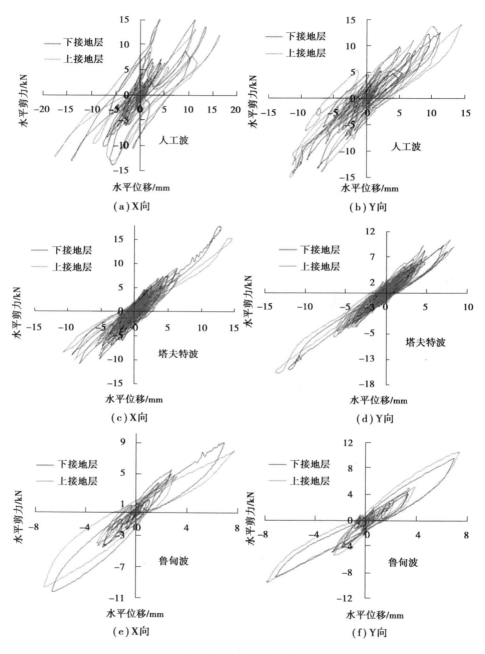

图 4-27　8 度罕遇地震

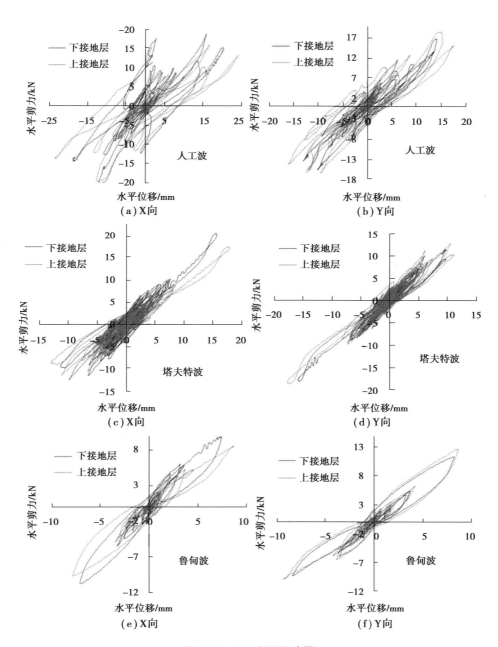

图 4-28　8.5 度罕遇地震

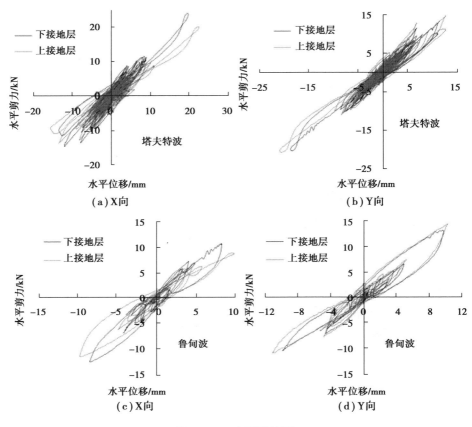

图 4-29 9 度罕遇地震

由 4-25—图 4-29 可知：

①山地掉层隔震结构模型上、下接地隔震层滞回曲线饱满,耗能显著、随着输入地震波幅值的增大,水平剪力—水平位移幅值逐渐增大,滞回曲线所包围的面积趋于增大,表明隔震层耗散的能量逐渐增大。

②山地掉层隔震结构模型上、下接地隔震层滞回曲线在各水准地震作用下不完全重合,但是总体差异不大,表明上、下接地隔震层随地震动的变形和受力均比较协调。

图 4-30 为上、下接地隔震层位移和剪力的最大值,可以看出随着地震波幅值的增大,上、下接地隔震层的位移和剪力均显著增大,但是每条地震波增大的

幅度不同,人工波的变化幅度最大,塔夫特波次之,鲁甸波最小,与地震波的频谱关系密切。

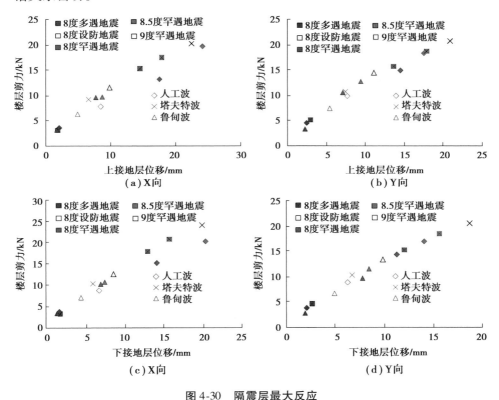

图 4-30 隔震层最大反应

图 4-31 为下接地隔震层在各水准地震作用激励下 2#支座塔夫特波的滞回曲线。

由图 4-31 可知,下接地隔震层 2#橡胶支座在各水准地震作用下,滞回曲线饱满,表现出良好的耗能能力;随着地震波输入幅值的增大,2#橡胶支座的水平位移、剪力都增大,滞回曲线包络面积也增大,耗能能力变强。下接地隔震层 6#、8#和 10#橡胶支座在各水准地震作用下滞回曲线变化规律与 2#橡胶支座基本一致。

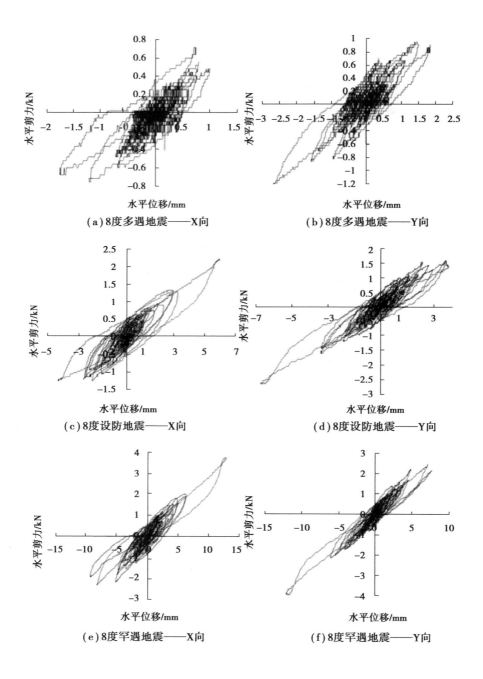

(a) 8度多遇地震——X向

(b) 8度多遇地震——Y向

(c) 8度设防地震——X向

(d) 8度设防地震——Y向

(e) 8度罕遇地震——X向

(f) 8度罕遇地震——Y向

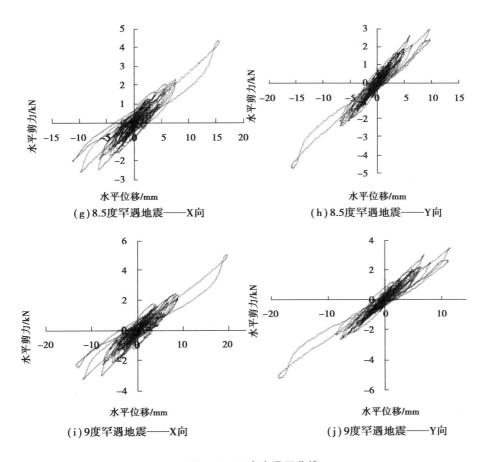

(g) 8.5度罕遇地震——X向　　　　(h) 8.5度罕遇地震——Y向

(i) 9度罕遇地震——X向　　　　　(j) 9度罕遇地震——Y向

图 4-31　2#支座滞回曲线

图 4-32 为上接地隔震层 4#支座塔夫特波各水准地震作用激励下的滞回曲线。

由图 4-32 可知,下接地隔震层 4#橡胶支座在各水准地震作用下,滞回曲线饱满,表现出良好的耗能能力;随着地震波输入幅值的增大,4#橡胶支座的水平位移、剪力都增大,滞回曲线包络面积也增大,耗能能力变强。上接地隔震层 1#、7#和 9#橡胶支座在各水准地震作用下滞回曲线变化规律与 4#橡胶支座基本一致。

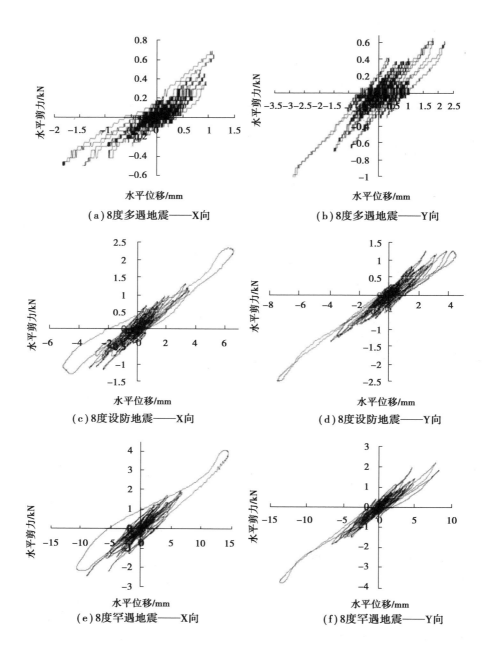

（a）8度多遇地震——X向

（b）8度多遇地震——Y向

（c）8度设防地震——X向

（d）8度设防地震——Y向

（e）8度罕遇地震——X向

（f）8度罕遇地震——Y向

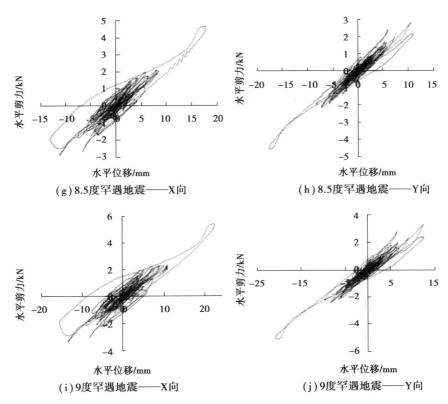

（g）8.5度罕遇地震——X向　　　　　（h）8.5度罕遇地震——Y向

（i）9度罕遇地震——X向　　　　　（j）9度罕遇地震——Y向

图 4-32　4#支座滞回曲线

表4-6—表4-10分别为山地掉层隔震结构模型上、下接地隔震层橡胶支座在各水准地震作用下的竖向短期极小压应力。

表4-6　8度多遇地震支座短期极小压应力

单位：MPa

支座位置	支座编号	X 向				Y 向			
		人工波	塔夫特波	鲁甸波	平均值	人工波	塔夫特波	鲁甸波	平均值
下接地层	8#	-2.46	-2.46	-2.42	-2.45	-2.25	-2.29	-2.29	-2.27
	2#	-2.42	-2.42	-2.42	-2.42	-2.45	-2.19	-2.48	-2.37
	6#	-2.17	-2.21	-2.17	-2.18	-2.48	-2.25	-2.43	-2.39
	10#	-2.27	-2.27	-2.15	-2.23	-2.25	-2.17	-2.29	-2.24

续表

支座位置	支座编号	X 向				Y 向			
		人工波	塔夫特波	鲁甸波	平均值	人工波	塔夫特波	鲁甸波	平均值
上接地层	9#	-1.54	-1.71	-1.71	-1.65	-1.71	-1.79	-1.79	-1.76
	7#	-1.98	-2.02	-2.06	-2.02	-1.60	-1.38	-1.60	-1.53
	4#	-1.39	-1.38	-1.36	-1.38	-1.83	-1.87	-1.83	-1.84
	1#	-1.51	-1.53	-1.49	-1.51	-1.62	-1.41	-1.66	-1.56

表 4-7　8 度设防地震支座短期极小压应力

单位：MPa

支座位置	支座编号	X 向				Y 向			
		人工波	塔夫特波	鲁甸波	平均值	人工波	塔夫特波	鲁甸波	平均值
下接地层	8#	-4.30	-4.12	-4.21	-4.21	-3.65	-3.91	-3.78	-3.78
	2#	-4.12	-4.04	-4.17	-4.11	-2.00	-1.66	-2.48	-2.05
	6#	-3.20	-2.60	-3.49	-3.10	-4.91	-4.72	-4.83	-4.82
	10#	-3.62	-3.50	-3.54	-3.55	-4.52	-4.65	-4.74	-4.64
上接地层	9#	-1.20	-1.19	-1.60	-1.33	-1.83	-2.12	-1.99	-1.98
	7#	-2.45	-2.41	-2.54	-2.46	-1.45	-1.29	-1.80	-1.51
	4#	-1.19	-1.16	-1.57	-1.31	-2.48	-2.48	-2.53	-2.50
	1#	-1.80	-1.59	-1.85	-1.74	-1.50	-1.32	-1.85	-2.67

表 4-8　8 度罕遇地震支座短期极小压应力

单位：MPa

支座位置	支座编号	X 向				Y 向			
		人工波	塔夫特波	鲁甸波	平均值	人工波	塔夫特波	鲁甸波	平均值
下接地层	8#	-4.04	-3.99	-4.21	-4.08	-1.92	-1.93	-2.74	-2.20
	2#	-3.69	-3.56	-4.12	-3.79	-1.79	-1.86	-2.56	-2.07
	6#	-2.16	-1.51	-2.94	-2.20	-4.63	-4.59	-4.82	-4.68
	10#	-2.25	-1.72	-3.15	-3.24	-4.51	-4.49	-4.73	-4.58

续表

支座位置	支座编号	X 向				Y 向			
		人工波	塔夫特波	鲁甸波	平均值	人工波	塔夫特波	鲁甸波	平均值
上接地层	9#	−0.19	−0.06	−1.32	−0.52	−1.88	−1.97	−1.96	−1.94
	7#	−1.84	−1.79	−2.18	−1.94	−0.43	−0.42	−1.41	−0.75
	4#	−0.15	−0.01	−1.23	−0.46	−1.95	−2.23	−2.15	−2.11
	1#	−1.81	−1.69	−1.99	−1.83	−0.84	−0.63	−1.54	−0.95

表 4-9　8.5 度罕遇地震支座短期极小压应力

单位：MPa

支座位置	支座编号	X 向				Y 向			
		人工波	塔夫特波	鲁甸波	平均值	人工波	塔夫特波	鲁甸波	平均值
下接地层	8#	−3.99	−4.04	−4.21	−4.08	−1.53	−1.43	−2.74	−1.90
	2#	−3.52	−3.39	−4.08	−3.66	−1.40	−1.33	−2.57	−1.77
	6#	−1.37	−0.99	−2.83	−1.73	−4.61	−4.51	−4.73	−4.62
	10#	−1.47	−1.13	−3.02	−1.87	−4.49	−4.41	−4.66	−4.52
上接地层	9#	0.37	0.14	−1.23	−0.24	−1.59	−1.89	−1.78	−1.75
	7#	−1.74	−1.71	−2.05	−1.83	−0.34	−0.08	−1.39	−0.60
	4#	0.51	0.42	−1.00	0.02	−1.82	−2.01	−2.08	−1.97
	1#	−1.65	−1.68	−1.94	−1.76	−0.54	−0.11	−1.43	−0.69

表 4-10　9 度罕遇地震支座短期极小压应力

单位：MPa

支座位置	支座编号	X 向				Y 向			
		人工波	塔夫特波	鲁甸波	平均值	人工波	塔夫特波	鲁甸波	平均值
下接地层	8#	—	−3.95	−4.21	−4.08	—	−1.14	−2.45	−1.80
	2#	—	−3.26	−4.08	−3.67	—	−1.01	−2.34	−1.68
	6#	—	−0.33	−2.42	−1.38	—	−4.43	−4.73	−4.58
	10#	—	−0.54	−2.80	−1.67	—	−4.36	−4.62	−4.49

续表

支座位置	支座编号	X 向				Y 向			
		人工波	塔夫特波	鲁甸波	平均值	人工波	塔夫特波	鲁甸波	平均值
上接地层	9#	—	0.49	-1.18	-0.35	—	-1.86	-1.75	-1.81
	7#	—	-1.73	-2.15	-1.94	—	0.24	-1.10	-0.43
	4#	—	0.89	-0.67	0.11	—	-1.92	-1.91	-1.92
	1#	—	-1.53	-1.75	-1.64	—	0.18	-1.25	-0.54

由表4-6—表4-10可知,山地掉层隔震结构模型在8度多遇、8度设防、8度罕遇地震作用下上、下接地层的所有橡胶支座均未出现拉应力,人工波和塔夫特波在8.5度罕遇地震作用下,上接地层4#、9#支座在X向地震作用下产生拉应力,人工波作用下拉应力分别为0.51 MPa和0.37 MPa,塔夫特波作用下拉应力分别为0.42 MPa和0.14 MPa,在塔夫特波9度罕遇地震作用下,4#、9#支座在X向地震作用下产生拉应力分别增大至0.89 MPa和0.49 MPa,1#、7#支座在塔夫特波9度罕遇地震作用下Y向出现拉应力,拉应力分别为0.18 MPa和0.24 MPa,但所有橡胶支座最大拉应力均未超过1 MPa,结构模型未因橡胶支座拉应力达到极限承载力而发生倾覆失效,随着输入地震波幅值的增大,上接地层短期极小面压逐步减小,甚至出现拉应力,说明山地掉层隔震结构模型因上接地层橡胶支座受拉倾覆失效的风险高于下接地层。随着输入地震波幅值的增大,4#和9#支座拉应力表现出逐渐增大的趋势,其他橡胶支座所受的短期极小面压出现逐渐减小的趋势。图4-33为4#、9#各水准地震作用下支座短期极小压应力。

由图4-33可知,随着地震波峰值的增大,4#和9#橡胶支座的短期极小压应力由逐渐变小,最后变为正值,即变为拉应力。

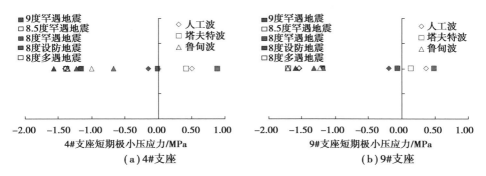

图 4-33 支座短期极小压应力

表 4-11—表 4-15 分别为山地掉层隔震结构模型上、下接地隔震层橡胶支座在各水准地震作用下的竖向短期极大压应力。

表 4-11 8 度多遇地震支座短期极大压应力

单位：MPa

支座位置	支座编号	X 向				Y 向			
		人工波	塔夫特波	鲁甸波	平均值	人工波	塔夫特波	鲁甸波	平均值
下接地层	8#	-2.63	-2.68	-2.63	-2.65	-2.72	-2.89	-2.72	-2.78
	2#	-2.59	-2.68	-2.59	-2.62	-3.58	-3.41	-3.28	-3.43
	6#	-4.78	-4.54	-4.66	-4.66	-3.71	-3.65	-3.53	-3.63
	10#	-2.62	-2.62	-2.50	-2.58	-2.58	-2.50	-2.45	-2.51
上接地层	9#	-2.20	-2.28	-2.24	-2.24	-2.16	-2.24	-2.12	-2.17
	7#	-2.23	-2.15	-2.15	-2.18	-3.18	-3.01	-2.93	-3.04
	4#	-2.94	-2.69	-2.77	-2.80	-2.12	-2.12	-2.12	-2.12
	1#	-2.49	-2.41	-2.41	-2.44	-2.15	-2.15	-2.10	-2.13

表 4-12   8 度设防地震支座短期极大压应力

单位：MPa

支座位置	支座编号	X 向				Y 向			
		人工波	塔夫特波	鲁甸波	平均值	人工波	塔夫特波	鲁甸波	平均值
下接地层	8#	−4.64	−4.51	−4.51	−4.55	−5.12	−5.25	−4.99	−5.12
	2#	−4.47	−4.42	−4.42	−4.44	−6.71	−5.89	−6.11	−6.24
	6#	−8.82	−7.92	−8.40	−8.38	−6.37	−6.31	−6.19	−6.29
	10#	−4.56	−4.60	−4.56	−4.57	−4.48	−4.36	−4.40	−4.41
上接地层	9#	−3.34	−3.47	−3.10	−3.30	−3.51	−3.63	−3.26	−3.47
	7#	−2.97	−2.93	−2.84	−2.91	−5.04	−4.18	−4.48	−4.57
	4#	−4.65	−4.04	−4.04	−4.24	−2.69	−2.65	−2.65	−2.66
	1#	−3.75	−3.36	−3.53	−3.54	−2.88	−2.84	−2.84	−2.85

表 4-13   8 度罕遇地震支座短期极大压应力

单位：MPa

支座位置	支座编号	X 向				Y 向			
		人工波	塔夫特波	鲁甸波	平均值	人工波	塔夫特波	鲁甸波	平均值
下接地层	8#	−4.94	−4.73	−4.68	−4.78	−5.72	−5.76	−5.16	−5.55
	2#	−4.68	−4.60	−4.42	−4.57	−7.75	−6.84	−6.84	−7.15
	6#	−10.61	−9.59	−9.53	−9.91	−6.31	−6.31	−6.13	−6.25
	10#	−5.01	−4.81	−4.68	−4.83	−4.76	−4.56	−4.56	−4.63
上接地层	9#	−3.92	−4.04	−3.22	−3.73	−4.00	−4.04	−3.59	−3.88
	7#	−3.05	−2.97	−2.80	−2.94	−6.08	−5.17	−5.26	−5.50
	4#	−6.17	−5.10	−4.94	−5.40	−2.73	−2.73	−2.69	−2.72
	1#	−4.13	−3.92	−4.01	−4.02	−2.93	−2.84	−2.93	−2.90

表 4-14　8.5 度罕遇地震支座短期极大压应力

单位：MPa

支座位置	支座编号	X 向				Y 向			
		人工波	塔夫特波	鲁甸波	平均值	人工波	塔夫特波	鲁甸波	平均值
下接地层	8#	−5.20	−4.73	−4.51	−1.61	−5.89	−6.07	−5.16	−5.71
	2#	−4.64	−4.64	−4.42	−2.93	−8.78	−7.45	−7.36	−7.86
	6#	−13.00	−10.13	−9.65	−6.70	−6.31	−6.31	−6.13	−6.25
	10#	−5.26	−5.05	−5.01	−1.33	−4.97	−4.68	−4.72	−4.79
上接地层	9#	−4.16	−4.29	−3.34	−0.70	−4.04	−4.04	−3.55	−3.88
	7#	−3.05	−2.93	−2.84	−0.45	−7.20	−5.82	−5.78	−6.26
	4#	−7.76	−5.47	−4.94	−3.54	−2.69	−2.73	−2.73	−2.72
	1#	−4.39	−4.05	−3.88	−2.83	−2.97	−2.97	−2.93	−2.95

表 4-15　9 度罕遇地震支座短期极大压应力

单位：MPa

支座位置	支座编号	X 向				Y 向			
		人工波	塔夫特波	鲁甸波	平均值	人工波	塔夫特波	鲁甸波	平均值
下接地层	8#	—	−4.81	−4.64	−4.73	—	−6.28	−5.33	−5.81
	2#	—	−4.68	−4.51	−4.60	—	−7.92	−7.79	−7.86
	6#	—	−11.03	−10.43	−10.73	—	−6.37	−6.37	−6.37
	10#	—	−5.26	−5.21	−5.24	—	−4.68	−4.85	−4.76
上接地层	9#	—	−4.49	−3.39	−3.94	—	−4.04	−3.51	−3.77
	7#	—	−2.97	−2.84	−2.90	—	−6.29	−6.34	−6.31
	4#	—	−6.04	−5.39	−5.72	—	−2.73	−2.73	−2.73
	1#	—	−4.22	−4.01	−4.11	—	−2.97	−3.01	−2.99

图 4-34 为不同水准地震作用下各条地震波各个橡胶支座短期极大压应力分布图。

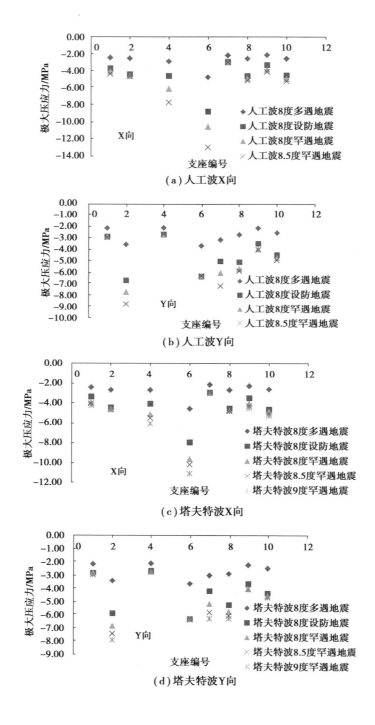

（a）人工波X向

（b）人工波Y向

（c）塔夫特波X向

（d）塔夫特波Y向

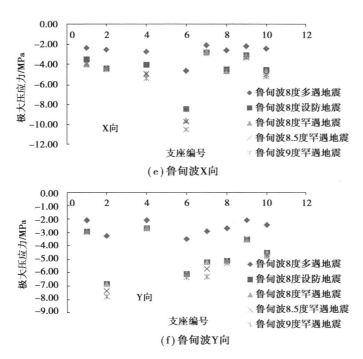

图 4-34　支座极大压应力

由表 4-11—表 4-15 和图 4-34 可知,各橡胶支座短期极大压应力随输入地震波幅值的增大而呈现出增大的趋势,边缘处橡胶支座压应力增大明显,这是结构在水平地震作用下所产生的倾覆力矩造成的,但所有橡胶支座最大压应力均未超过 30 MPa,模型未因橡胶支座压应力达到极限承载力而发生倾覆失效。

4.2.5　倾覆机理验证

1)横坡向

观察式(2-92)、式(2-93),令 $\chi = \dfrac{3}{2}k\dfrac{H}{b_0}$,将式(2-92)、式(2-93)化简可得到两个关于 χ 与 φ 的二元方程组:

$$\begin{cases} \varphi^2 = \dfrac{1}{\gamma}\left(1 - \dfrac{2}{\chi + \dfrac{1}{1+\varphi} + \dfrac{1}{2}}\right) \\ \chi \cdot \left(1 + \dfrac{1}{\varphi}\right) - \dfrac{1}{2\varphi} - \dfrac{3}{2} = \dfrac{1}{\sigma_0} \end{cases} \tag{4-1}$$

或者

$$\begin{cases} \varphi^2 = \dfrac{1}{\gamma}\left(1 - \dfrac{2}{\chi + \dfrac{1}{1+\varphi} + \dfrac{1}{2}}\right) \\ \chi \cdot (1 + \varphi) + \dfrac{\varphi}{2} + \dfrac{3}{2} = \dfrac{30}{\sigma_0} \end{cases} \tag{4-2}$$

山地掉层隔震结构模型 b_0 为 4.2 m，H 为 1.8 m，根据表 3-11，隔震层竖向拉压刚度比 γ 取 0.26，根据振动台试验前初始测试 σ_0 取 2.3 MPa（自重作用下橡胶支座压应力平均值），将 σ_0、γ 代入式(4-1)、式(4-2)对 χ 进行求解。

达到受拉倾覆失效时，方程的解为：

$$\begin{cases} \varphi = -1.336 \\ \chi = 6.209 \end{cases} \text{和} \begin{cases} \varphi = 0.514 \\ \chi = 0.987 \end{cases}$$

达到受压倾覆失效时，方程的解为：

$$\begin{cases} \varphi = -2.123 \\ \chi = -11.221 \end{cases} \text{和} \begin{cases} \varphi = 1.354 \\ \chi = 4.253 \end{cases}$$

由于受拉区和受压区长度比 φ 为正实数，因此受拉达到倾覆失效时应满足：

$$\begin{cases} \varphi = 0.514 \\ \chi = 0.987 \end{cases}, \text{即} \dfrac{H}{b_0} = \dfrac{2}{3} \cdot \dfrac{0.987}{k} \tag{4-3}$$

图 4-35 为振动台试验结果与受拉状态下高宽比限值理论计算结果的对比。

由图 4-35 可知，在人工波、塔夫特波和鲁甸波不同水准地震动作用下，试验值均在高宽比理论曲线以下，因此山地掉层隔震结构模型顺坡向不会发生因橡胶支座超过拉应力限值而发生倾覆失效,试验中横坡向倾覆时橡胶支座最大拉应力为 0.24 MPa,小于 1 MPa,理论计算与试验结果吻合。

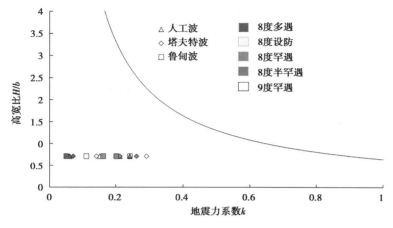

图 4-35　试验结果与理论值

受压达到倾覆失效时应满足:

$$\begin{cases}\varphi=1.354\\\chi=4.253\end{cases},\text{即}\frac{H}{b_0}=\frac{2}{3}\cdot\frac{4.253}{k} \tag{4-4}$$

图 4-36 为振动台试验结果与受压状态下高宽比限值理论计算结果的对比。

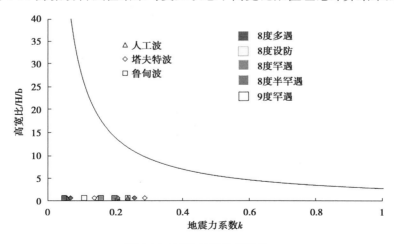

图 4-36　试验结果与理论值

由图 4-36 可知,在人工波、塔夫特波和鲁甸波不同水准地震动作用下,试验值均在高宽比理论曲线以下,因此山地掉层隔震结构模型顺坡向不会发生因橡胶支座超过压应力限值而发生倾覆失效,试验中横坡向倾覆时橡胶支座最大压应力为 8.78 MPa,未超过 30 MPa,理论计算与试验结果吻合。

2）顺坡向

振动台试验结构模型 b 为 1.5 m,H 为 1.8 m,名义高宽比 H/b 为 1.2,高度比 α 为 1/3、宽度比 β 为 0.5、隔震层竖相拉压刚度比 γ 为 0.26,σ_0 为 2.3 MPa（自重作用下橡胶支座压应力平均值）,根据式（2-102）,上、下接地隔震层水平刚度比 η 为 1。将 α、β、η 代入式（2-92）—式（2-101）得:

（1）正向正倾覆失效验算

当转动中心位于上接地层时,此时应满足不等式 $\dfrac{\varphi}{1+\varphi}<0.5$,对于橡胶支座受拉情况,将 α、β、η 代入式（2-92）化简得:

$$\begin{cases} \dfrac{\varphi}{1+\varphi}<0.5 \\[2mm] \varphi^2 = \dfrac{1}{0.26}\left(1-\dfrac{2}{\dfrac{36}{25}\cdot k+\dfrac{33}{20}-\dfrac{\varphi}{1+\varphi}}\right) \\[4mm] \dfrac{36}{25}\cdot k\left(1+\dfrac{1}{\varphi}\right)+\dfrac{33}{20}\cdot\left(1+\dfrac{1}{\varphi}\right)-\dfrac{2}{\varphi}-3=\dfrac{1}{2.3} \end{cases} \tag{4-5}$$

对式（4-5）求解得:

$$\begin{cases} \varphi=-1.336 \\ k=4.208 \end{cases} \text{和} \begin{cases} \varphi=0.514 \\ k=0.581 \end{cases}$$

由于受拉区和受压区长度比 φ 为正实数,因此方程的解为:

$$\begin{cases} \varphi=0.514 \\ k=0.581 \end{cases}$$

当 $\varphi=0.514$ 时,$\dfrac{\varphi}{1+\varphi}=0.339$,满足不等式条件,即转动中心位于上接地层时,上接地层橡胶支座存在受拉破坏的风险。当地震力系数 $k>0.581$ 时,山地掉层隔震结构模型顺坡向将因上接地层橡胶支座受拉超过其极限承载力而发生倾覆失效。

对于橡胶支座压拉情况,当转动中心位于上接地层时,将 α、β、η 代入式(2-93)化简得:

$$\begin{cases} \dfrac{\varphi}{1+\varphi}<0.5 \\[3mm] \varphi^2=\dfrac{1}{0.26}\left(1-\dfrac{2}{\dfrac{36}{25}\cdot k+\dfrac{33}{20}-\dfrac{\varphi}{1+\varphi}}\right) \\[5mm] \dfrac{36}{25}\cdot k(1+\varphi)+\dfrac{33}{20}\cdot(1+\varphi)-\varphi=\dfrac{30}{2.3} \end{cases} \tag{4-6}$$

对式(4-6)求解得:

$$\begin{cases} \varphi=-2.123 \\ k=-7.897 \end{cases} 和 \begin{cases} \varphi=1.534 \\ k=2.850 \end{cases}$$

由于受拉区和受压区长度比 φ 为正实数,因此方程的解为:

$$\begin{cases} \varphi=1.534 \\ k=2.850 \end{cases}$$

当 $\varphi=1.534$ 时,$\dfrac{\varphi}{1+\varphi}=0.605$,不满足不等式条件,假定不成立,即当转动中心位于上接地层时,这种倾覆情况不存在。

当转动中心位于下接地层时,对于橡胶支座受拉情况,此时应满足不等式 $\dfrac{\varphi}{1+\varphi}>0.5$,将 α、β、η 代入式(2-96)化简得:

$$\begin{cases} \dfrac{\varphi}{1+\varphi}>0.5 \\[3mm] \varphi^2=\dfrac{1}{0.26}\left(1-\dfrac{2}{\dfrac{21}{50}\cdot k-\dfrac{7}{20}+\dfrac{\varphi}{1+\varphi}}\right) \\[5mm] \dfrac{21}{50}\cdot k\left(1+\dfrac{1}{\varphi}\right)-\dfrac{7}{20}\left(1+\dfrac{1}{\varphi}\right)-\dfrac{2}{\varphi}-1=\dfrac{1}{2.3} \end{cases} \tag{4-7}$$

对式(4-8)求解得：

$$\begin{cases}\varphi=-1.336\\k=0.240\end{cases} 和 \begin{cases}\varphi=0.514\\k=5.138\end{cases}$$

由于受拉区和受压区长度比 φ 为正实数，因此方程的解为：

$$\begin{cases}\varphi=0.514\\k=5.138\end{cases}$$

当 $\varphi=0.514$ 时，$\dfrac{\varphi}{1+\varphi}=0.339$，不满足不等式条件，假定不成立，即当转动中心位于下接地层时，这种倾覆失效的情况不存在。

对于橡胶支座受压情况，将 α、β、η 代入式(2-97)化简得：

$$\begin{cases}\dfrac{\varphi}{1+\varphi}>0.5\\[2mm]\varphi^2=\dfrac{1}{0.26}\left(1-\dfrac{2}{\dfrac{21}{50}\cdot k-\dfrac{7}{20}+\dfrac{\varphi}{1+\varphi}}\right)\\[4mm]\dfrac{21}{50}\cdot k(1+\varphi)-\dfrac{7}{20}(1+\varphi)+\varphi=\dfrac{30}{2.3}\end{cases} \quad (4-8)$$

对式(4-8)求解得：

$$\begin{cases}\varphi=-2.123\\k=-31.313\end{cases} 和 \begin{cases}\varphi=1.534\\k=11.650\end{cases}$$

由于受拉区和受压区长度比 φ 为正实数，因此方程的解为：

$$\begin{cases}\varphi=1.534\\k=11.650\end{cases}$$

当 $\varphi=1.534$ 时，$\dfrac{\varphi}{1+\varphi}=0.605$，满足不等式条件，即转动中心位于下接地层时，下接地层橡胶支座存在受压破坏的风险。当地震力系数 $k>11.650$ 时，山地掉层隔震结构模型顺坡向将因下接地层橡胶支座受压超过其极限承载力而发生倾覆失效。

图 4-37 为本山地掉层隔震结构模型正向正倾覆失效地震力系数极限理论计算与试验结果的对比图。

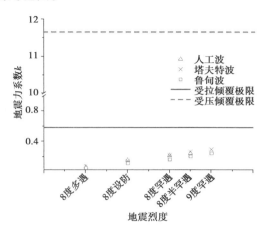

图 4-37　倾覆失效理论计算与试验

由图 4-37 可知,试验中人工波、塔夫特波及鲁甸波在 8 度多遇、8 度设防、8 度罕遇、8.5 度罕遇及 9 度罕遇地震下,地震力系数未超过顺坡向受拉和受压倾覆极限,理论计算与试验结果吻合,且结构产生受拉倾覆的风险高于受压。

（2）负向负倾覆失效验算

当转动中心位于下接地层时,此时应满足不等式 $\dfrac{\varphi}{1+\varphi}<0.5$,对于橡胶支座受拉情况,将 α、β、η 代入式(2-98)化简得:

$$\begin{cases} \dfrac{\varphi}{1+\varphi}<0.5 \\[3mm] \varphi^2=\dfrac{1}{0.26}\left(1-\dfrac{2}{\dfrac{36}{25}\cdot k+\dfrac{27}{20}-\dfrac{\varphi}{1+\varphi}}\right) \\[3mm] \dfrac{36}{25}\cdot k\left(1+\dfrac{1}{\varphi}\right)+\dfrac{27}{20}\left(1+\dfrac{1}{\varphi}\right)-\dfrac{2}{\varphi}-3=\dfrac{1}{2.3} \end{cases} \qquad (4-9)$$

对式(4-9)求解得:

$$\begin{cases} \varphi = -1.336 \\ k = 4.416 \end{cases} 和 \begin{cases} \varphi = 0.514 \\ k = 0.790 \end{cases}$$

由于受拉区和受压区长度比 φ 为正实数,因此方程的解为:

$$\begin{cases} \varphi = 0.514 \\ k = 0.790 \end{cases}$$

当 $\varphi = 0.514$ 时,$\dfrac{\varphi}{1+\varphi} = 0.339$,满足不等式条件,即转动中心位于下接地层时,下接地层橡胶支座存在受拉破坏的风险。当地震力系数 $k > 0.790$ 时,山地掉层隔震结构顺坡向将因下接地层橡胶支座受拉超过其极限承载力而发生倾覆失效。

对于橡胶支座受压情况,将 α、β、η 代入式(2-99)化简得:

$$\begin{cases} \dfrac{\varphi}{1+\varphi} < 0.5 \\[2mm] \varphi^2 = \dfrac{1}{0.26}\left(1 - \dfrac{2}{\dfrac{36}{25} \cdot k + \dfrac{27}{20} - \dfrac{\varphi}{1+\varphi}}\right) \\[4mm] \dfrac{36}{25} \cdot k(1+\varphi) + \dfrac{27}{20}(1+\varphi) - \varphi = \dfrac{30}{2.3} \end{cases} \tag{4-10}$$

对式(4-10)求解得:

$$\begin{cases} \varphi = -2.123 \\ k = -7.688 \end{cases} 和 \begin{cases} \varphi = 1.534 \\ k = 3.058 \end{cases}$$

由于受拉区和受压区长度比 φ 为正实数,因此方程的解为:

$$\begin{cases} \varphi = 1.534 \\ k = 3.058 \end{cases}$$

当 $\varphi = 1.534$ 时,$\dfrac{\varphi}{1+\varphi} = 0.605$,不满足不等式条件,假定不成立,即当转动中心位于下接地层时,这种倾覆失效的情况不存在。

当转动中心位于上接地层时,此时应满足不等式 $\frac{\varphi}{1+\varphi}>0.5$,对于橡胶支座受拉情况,将 α、β、η 代入式(2-100)化简得:

$$\begin{cases} \dfrac{\varphi}{1+\varphi}>0.5 \\[2mm] \varphi^2=\dfrac{1}{0.26}\left(1-\dfrac{2}{\dfrac{36}{25}\cdot k+\dfrac{27}{20}-\dfrac{\varphi}{1+\varphi}}\right) \\[2mm] \dfrac{36}{25}\cdot k\left(1+\dfrac{1}{\varphi}\right)+\dfrac{27}{20}\left(1+\dfrac{1}{\varphi}\right)-\dfrac{2}{\varphi}-3=\dfrac{1}{2.3} \end{cases} \tag{4-11}$$

对式(4-11)求解得:

$$\begin{cases} \varphi=-1.336 \\ k=4.416 \end{cases} 和 \begin{cases} \varphi=0.514 \\ k=0.790 \end{cases}$$

由于受拉区和受压区长度比 φ 为正实数,因此方程的解为:

$$\begin{cases} \varphi=0.514 \\ k=0.790 \end{cases}$$

当 $\varphi=0.514$ 时, $\frac{\varphi}{1+\varphi}=0.339$,不满足不等式条件,假定不成立,即当转动中心位于下接地层时,这种倾覆失效的情况不存在。

对于橡胶支座受压情况,将 α、β、η 代入式(2-101)化简得:

$$\begin{cases} \dfrac{\varphi}{1+\varphi}>0.5 \\[2mm] \varphi^2=\dfrac{1}{0.26}\left(1-\dfrac{2}{\dfrac{36}{25}\cdot k+\dfrac{27}{20}-\dfrac{\varphi}{1+\varphi}}\right) \\[2mm] \dfrac{36}{25}\cdot k(1+\varphi)+\dfrac{27}{20}(1+\varphi)-\varphi=\dfrac{30}{2.3} \end{cases} \tag{4-12}$$

对式(4-12)求解得:

$$\begin{cases} \varphi = -2.123 \\ k = -7.688 \end{cases} 和 \begin{cases} \varphi = 1.534 \\ k = 3.058 \end{cases}$$

由于受拉区和受压区长度比 φ 为正实数,因此方程的解为:

$$\begin{cases} \varphi = 1.534 \\ k = 3.058 \end{cases}$$

当 $\varphi = 1.534$ 时,$\dfrac{\varphi}{1+\varphi} = 0.605$,满足不等式条件,即转动中心位于上接地层时,上接地层橡胶支座存在受压破坏的风险。当地震力系数 $k>3.058$ 时,山地掉层隔震结构顺坡向将因上接地层橡胶支座受压超过其极限承载力而发生倾覆失效。

图 4-38 为本山地掉层隔震结构模型负向负倾覆失效地震力系数极限理论计算与试验结果的对比图。

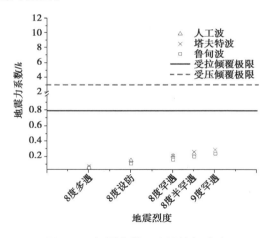

图 4-38　倾覆失效理论计算与试验

由图 4-38 可知,试验中人工波、塔夫特波及鲁甸波在 8 度多遇、8 度设防、8 度罕遇、8.5 度罕遇及 9 度罕遇地震下,地震力系数未超过顺坡向受拉和受压倾覆极限,理论计算与试验结果吻合,且结构产生受拉倾覆的风险高于受压。

4.3 抗震结构试验结果及分析

山地掉层隔震结构模型试验工况加载完毕后,采用顶升托换技术将橡胶支座顺序拆除,即先用千斤顶对结构进行临时支撑,然后拆除橡胶支座,再同步卸载千斤顶,最后用螺栓将模型底板直接与三维力传感器连接,将隔震结构变为山地掉层抗震结构模型,图 4-39 为橡胶支座拆除过程。

(a)松开连接螺栓并顶升

(b)拆除橡胶支座

(c)卸载千斤顶

(d)调整平整度并扭紧连接螺栓

图 4-39 橡胶支座拆除

在拆除橡胶支座过程中原则上应精确控制竖向位移,避免千斤顶加载、卸载不均匀致使局部构件开裂损伤。

4.3.1　试验现象

　　试验前对振动台模型进行检查,如图 4-40 所示。由图 4-40 可知,在橡胶支座托换拆除过程中由于千斤顶控制不当,模型产生一定损伤,因此导致试验前结构的前两阶频率较低,但峰值较小,可认为对结构动力响应影响不大,试验结果仍具有较高参考价值。试验在加载完人工波罕遇地震工况后发现结构破坏损伤严重,不适宜继续加载后续工况,因此终止后续试验,山地掉层抗震结构模型频谱分析如图 4-41 所示,经过各水准地震作用后山地掉层抗震结构模型的频率发生显著变化,结构损伤明显,结构前 3 阶频率变化如表 4-16 所示。

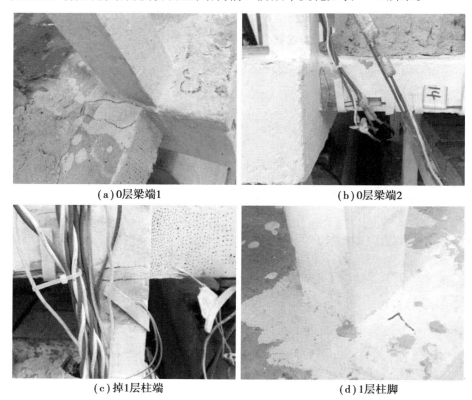

(a)0层梁端1　　　　　　　　　　　　(b)0层梁端2

(c)掉1层柱端　　　　　　　　　　　　(d)1层柱脚

图 4-40　橡胶支座拆除上部结构开裂

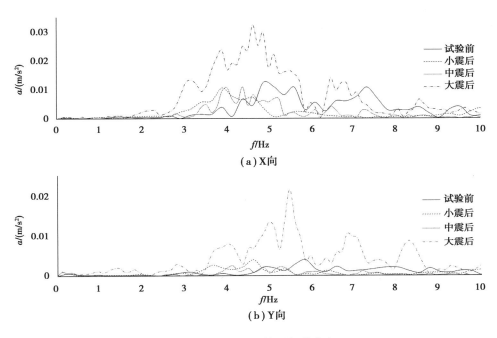

（a）X向

（b）Y向

图 4-41　抗震结构模型频谱响应

表 4-16　抗震结构模型频率变化

工况	频率/Hz			频率变化率/%		
	1 阶	2 阶	3 阶	1 阶	2 阶	3 阶
试验前	3.662	4.883	5.615	—	—	—
8 度多遇地震后	3.662	4.639	4.883	0.0	−5.0	−13.0
8 度设防地震后	3.540	4.028	4.395	−3.3	−17.5	−21.7
8 度罕遇地震后	2.930	3.052	3.418	−20.0	−37.5	−39.1

　　由表 4-16 可知,山地掉层抗震结构模型经过 8 度多遇、8 度设防和 8 度罕遇地震后,结构自振频率显著降低,结构损伤明显,图 4-42 为抗震结构模型 8 度多遇、8 度设防和 8 度罕遇地震后的损伤情况。

（a）1层边梁   （b）2层边梁

（c）2层边梁   （d）顶层边梁

（e）顶层边梁   （f）顶层边梁

（g）1层中间柱   （h）1层中间柱

（i）2 层角柱　　　　　　　　　　（j）顶层角柱

（k）顶层边柱　　　　　　　　　　（l）顶层边柱

图 4-42　抗震结构模型破坏形态

由图 4-42 可知,山地掉层抗震结构模型在 8 度多遇地震下损伤不明显,局部出现微小裂缝;在 8 度设防地震作用下,损伤进一步发展,1 层、2 层、顶层裂缝发展明显,且顶层梁的开裂较 1 层、2 层严重,1 层局部中柱顶端出现塑性铰;8 度罕遇地震作用下裂缝进一步发展,局部裂缝贯通,混凝土剥落严重,1 层和顶层多处形成柱铰,且破坏随高度的增加越来越显著,总体上梁铰的发展滞后于柱铰,柱端破坏现象比较普遍,破坏机制表现为柱铰破坏。制作模型时,为使楼板承担配重荷载,人为将楼板厚度增大,导致楼板对梁的翼缘加强效应使梁的刚度和承载力增大,出现“强梁弱柱”现象,因此在试验过程中模型破坏状态多为柱铰。因此在设计中应充分考虑楼板对梁的翼缘加强效应,避免出现“强梁弱柱”的现象。

掉层以上部分的破坏较掉层部分严重,且 1 层和顶层的破坏更为严重,这是由于上接地层固接,刚度较大,承担大部分水平剪力,因此掉层部分所承担的水平地震作用较小,所以掉层部分的损伤较小,8 度设防地震作用下掉层部分与上接地部分所承担剪力如表 4-17 所示。由于上接地层通过三维力传感器与承台相连,上接地层强度、刚度较大,引起薄弱层上移,因此 1 层的破坏较为严重,而顶层破坏较为严重则是顶层加速度放大造成的。

表 4-17　掉层部分与上接地层承担水平地震作用

地震波		水平地震剪力/kN		占总剪力比率/%	
		掉层部分	上接地部分	掉层部分	上接地部分
X 向	人工波	9.7	38.1	20.3	79.7
	塔夫特波	11.5	38.6	27.8	72.2
	鲁甸波	11.3	25.0	30.9	69.1
Y 向	人工波	8.6	41.7	17.1	82.9
	塔夫特波	19.1	29.3	39.5	60.5
	鲁甸波	17.9	25.8	41.0	59.0

4.3.2　楼层加速度

图 4-43—图 4-45 为山地掉层抗震结构模型的加速度衰减系数图。

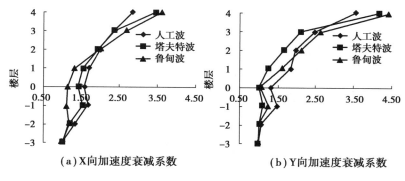

(a) X 向加速度衰减系数　　　(b) Y 向加速度衰减系数

图 4-43　8 度多遇地震

　　由图 4-43 可知,山地掉层抗震结构模型在 8 度多遇地震下人工波、塔夫特波、鲁甸波 X 向加速度衰减系数沿楼层高度分布规律在上接地层以上一致,即加速度衰减系数沿楼层高度逐层放大,至顶层达到最大,但在掉层部分 3 条地震波加速度衰减系数表现不尽相同,塔夫特波和人工波的加速度衰减系数在掉层部分逐层增大,而鲁甸波则在掉层部分未见明显放大;3 条波 Y 向的加速度衰减系数在掉层部分沿楼层先逐层增大,在上接地层处减小,随后有逐层增大,直至顶层达到最大值。

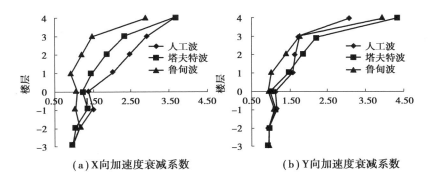

(a) X 向加速度衰减系数　　　　　　(b) Y 向加速度衰减系数

图 4-44　8 度设防地震

　　由图 4-44 可知,山地掉层抗震结构模型在 8 度设防地震作用下 3 条地震波的 X 向、Y 向加速度衰减系数变化规律与多遇地震一致。

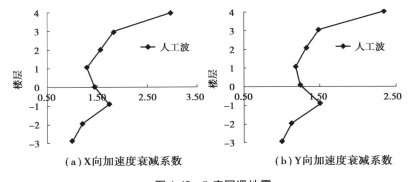

(a) X 向加速度衰减系数　　　　　　(b) Y 向加速度衰减系数

图 4-45　8 度罕遇地震

　　由图 4-45 可知,山地掉层抗震结构模型在 8 度罕遇地震作用下人工波的 X 向、Y 向加速度衰减系数变化规律与多遇地震下人工波的加速度衰减系数一致。

由图 4-43—图 4-45 可知：

山地掉层抗震结构模型在 8 度多遇、8 度设防和 8 度罕遇地震作用下人工波和塔夫特波的 X 向、Y 向加速度衰减系数沿楼层高度的变化规律大致相同，在所有楼层处均表现为放大，呈现"S"形变化规律，即下接地层处先逐层减增大，然后在掉 1 层处反向减小，再在上接地层处达到最小，最后又逐层增大，到顶层达到最大值。而在多遇和设防地震作用下鲁甸波的 X 向掉层部分加速度衰减系数未见明显放大，除此之外其他规律均相同，加速度衰减规律与地震波频谱密切相关。

表 4-18 为山地掉层抗震结构模型加速度衰减系数。由表 4-18 可知，山地掉层抗震结构对地震动放大明显，多遇、设防地震作用下可放大 3 倍以上，并且 Y 向的放大系数大于 X 向，即横坡向加速度放大系数大于顺坡向放大系数。

表 4-18　山地掉层抗震结构模型加速度衰减系数

地震波		8 度多遇地震	8 度设防地震	8 度罕遇地震
X 向	人工波	2.89	3.66	2.97
	塔夫特波	3.45	3.72	—
	鲁甸波	3.62	2.96	—
	平均值	3.32	3.45	2.97
Y 向	人工波	3.53	3.30	2.37
	塔夫特波	4.15	4.73	—
	鲁甸波	4.41	4.33	—
	平均值	4.03	4.12	2.37

4.3.3　楼层位移

图 4-46—图 4-48 为山地掉层抗震结构模型在 8 度各水准地震作用下各楼

层位移情况。

由图 4-46—图 4-48 可知,山地掉层抗震结构模型在 8 度多遇、8 度设防、8 度罕遇地震下,上接地层以上部分楼层的水平位移逐层增大,与传统抗震结构的变化趋势一致,掉层部分的水平位移较小且随高度的变化不明显。

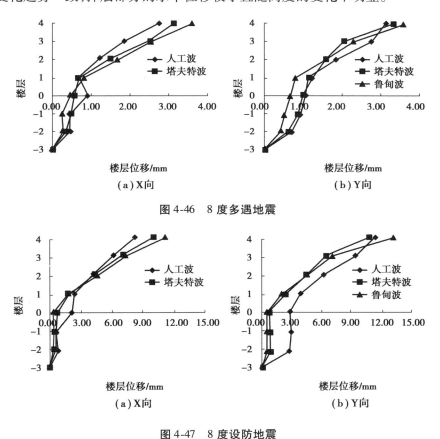

图 4-46　8 度多遇地震

图 4-47　8 度设防地震

图 4-49—图 4-51 为山地掉层抗震结构在 8 度各水准地震作用下层间位移角。

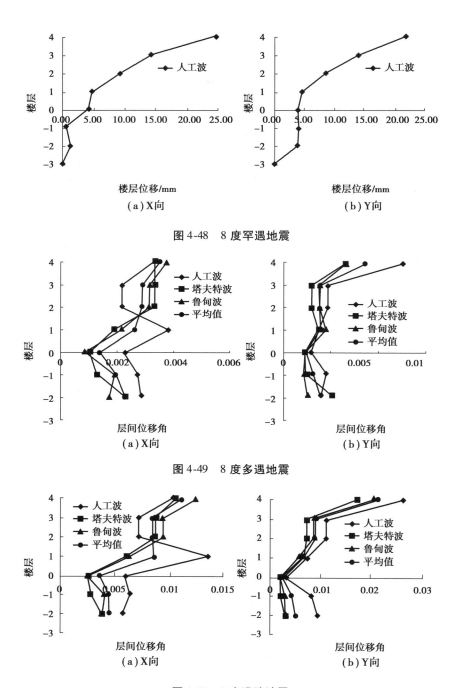

（a）X向　　　　　　　　　　　　　（b）Y向

图 4-48　8 度罕遇地震

（a）X向　　　　　　　　　　　　　（b）Y向

图 4-49　8 度多遇地震

（a）X向　　　　　　　　　　　　　（b）Y向

图 4-50　8 度设防地震

由图 4-49—图 4-51 可知,在各水准地震作用下 X 向掉层部分层间位移角较小,上接地层的上一层层间位移角较大,顶层的层间位移角最大;在设防地震作用下楼层多个构件出现损伤或破坏,X 向楼层的层间位移角规律性不强。

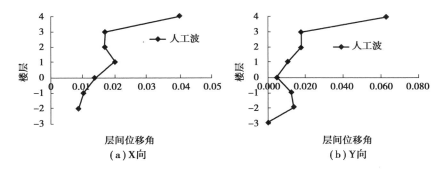

图 4-51　8 度罕遇地震

表 4-19 为山地掉层抗震结构模型楼层最大层间位移角。

表 4-19　楼层最大层间位移角

地震波		8 度多遇地震	8 度设防地震	8 度罕遇地震
X 向	人工波	1/294	1/96	1/25
	塔夫特波	1/298	1/94	—
	鲁甸波	1/267	1/80	—
	平均值	1/286	1/90	1/25
Y 向	人工波	1/120	1/38	1/16
	塔夫特波	1/229	1/58	—
	鲁甸波	1/228	1/49	—
	平均值	1/192	1/48	1/16

4.4 隔震与抗震结构试验结果对比

4.4.1 楼层加速度

在山地掉层隔震结构改进的水平向减震系数中,定义新的水平向减震系数 β_0 为设防地震作用下隔震结构楼层水平向加速度与抗震结构楼层加速度之比。图 4-52 为山地掉层隔震结构模型与原结构有限元分析得到的改进的水平向减震系数。

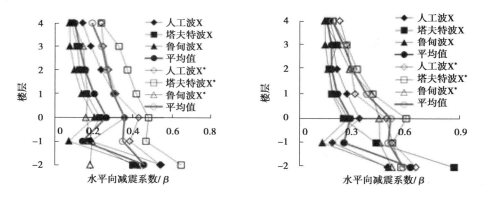

图 4-52　水平向减震系数（＊表示振动台试验结果）

如图 4-52 所示,山地掉层隔震结构模型的楼层加速度远小于抗震结构,采用隔震技术后结构本身所遭受的水平地震作用大大降低,抗震性能得到大大提高。除掉 2 层(下接地隔震层)外,山地掉层隔震结构 X 向和 Y 向水平向减震系数 β_0 的试验值与有限元数值分析值趋势基本一致,但试验值偏大,其中人工波的差异最小、鲁甸波次之、塔夫特波差异最大。X 向水平向减震系数掉 1 层偏差最大为 58.8%,上接地层偏差最小为 25.8%,Y 向水平向减震系数掉 1 层偏差最大为 50.2%,顶层偏差最小为 15.8%,水平向减震系数最大值为 0.51,造成试验值较大的原因:

①试验橡胶支座 LRB100 的屈服前刚度、屈服后刚度及屈服力与原设计值相比偏大,详见第 3 章材料力学性能测试数据(表 3-10);

②山地掉层抗震结构在 8 度设防地震作用下产生损伤和破坏,导致抗震楼层的加速度响应偏小。

4.4.2 楼层位移

图 4-53—图 4-55 为山地掉层隔震结构与抗震结构模型在 8 度多遇、8 度设防、8 度罕遇地震下楼层位移对比图。

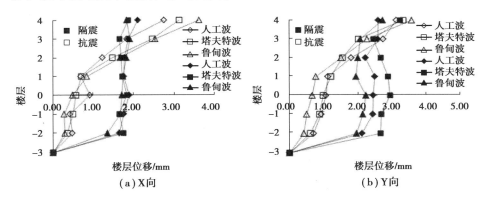

图 4-53 8 度多遇地震

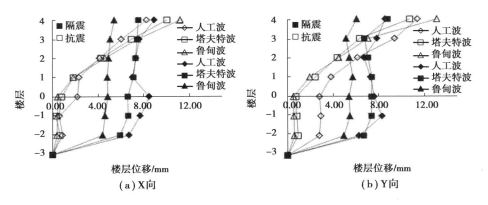

图 4-54 8 度设防地震

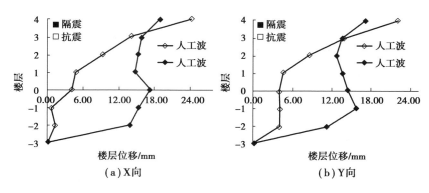

图 4-55 8 度罕遇地震

由图 4-53—图 4-55 可知,在 8 度各水准地震作用下,由于上、下接地层的固接约束作用,山地掉层抗震结构模型掉层部分的楼层位移小于掉层以上部分,掉层以上部分楼层位移逐层放大,楼层的侧移主要由层间剪切变形引起,而山地掉层隔震结构模型在上、下接地层同时加入隔震支座,将固接约束作用削弱,因此掉层部分的强约束作用被解除,掉层部分与上地层及上接地层以上部分同步近似刚体运动,变形主要集中发生在隔震层,结构的层间变形很小。

4.4.3 上接地水平剪力

山地掉层抗震结构模型在上接地层(0 层)柱抗侧刚度差异很大,主要是上接地层柱端约束不一致引起的,即使柱本身的线刚度一致,其侧向刚度也会有较大差异。一般上接地层部分柱子侧向刚度大于掉层部分柱子,这使得上接地层柱在地震作用下承担大部分水平剪力,易因短柱效应而发生破坏,从而引起结构的破坏。当采用隔震技术时,由于隔震层水平刚度较小,因此降低了上接地层抗侧刚度,在地震作用下上接地层所承担的水平剪力大幅度降低,提高了上接地层构件和结构整体的抗震安全性能。

表 4-20 为山地掉层抗震和隔震结构模型上接地层所承担水平剪力。由表 4-20 可知,在人工波、塔夫特波、鲁甸波 X 向、Y 向设防地震作用下,隔震结构模型上接地层水平剪力平均降低 72.8%,上接地层柱子所遭受的地震作用大幅度

下降,大大提升了上接地层柱和结构的抗震安全性能。

表 4-20　上接地层水平剪力

地震波		上接地层水平剪力/kN		降低比率/%
		抗震结构	隔震结构	
X 向	人工波	38.1	8.7	77.2
	塔夫特波	38.6	10.3	73.3
	鲁甸波	25.0	7.1	71.6
	平均值	33.9	8.7	74.0
Y 向	人工波	41.7	8.8	78.9
	塔夫特波	29.3	10.2	65.2
	鲁甸波	25.8	6.6	74.4
	平均值	32.3	8.5	72.8

由于隔震技术降低了上接地层侧向刚度,因此必然使隔震层位移增大。表 4-21 为山地掉层抗震与隔震结构模型在设防地震作用下各条地震波在上接地层处的位移。

表 4-21　上接地层水平位移

地震波		上接地层水平位移/mm		降低比率/%
		抗震结构	隔震结构	
X 向	人工波	2.2	8.4	282
	塔夫特波	0.8	6.6	725
	鲁甸波	0.4	4.4	1 000
	平均值	1.2	6.5	669
Y 向	人工波	2.8	7.7	175
	塔夫特波	0.7	7.4	957
	鲁甸波	0.6	5.4	864
	平均值	1.4	6.8	665

由表 4-21 可知,山地掉层隔震结构模型上接地层的位移远大于同等条件下的抗震结构,位移平均增大率为 665%。因此在山地掉层隔震结构设计中应充分重视过大位移带来的隔震构造细节,应预留适当宽度的竖向和水平隔离缝,管线、楼电梯也应当采取相应的避让措施和柔性连接。

4.5 有限元数值模拟

采用大型商业软件 SAP2000 软件建立振动台三维有限元模型,有限元模型依据振动台模型尺寸型建立,底板采用 C30 混凝土,框架梁、板、柱采用 M7.5 砂浆,M7.5 砂浆强度和弹性模量采用试验值(材料性能详见表 3-5),楼面荷载按照振动台试验实际配重进行加载,LRB100 按试验参数设置(橡胶支座参数详见表 3-10、表 3-11)。按上述条件建立的三维模型如图 4-56 所示,地震作用的计算采用非线性时程分析,分析时应先对地震波按时间相似关系进行压缩。

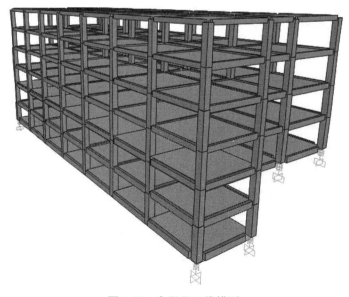

图 4-56 有限元三维模型

表 4-22 为三维有限元模型与振动台模型各楼层质量之间的差异。由表

4-22 可知,两模型总质量差异为 5.4%,各楼层质量最大差异为 7.3%,两模型质量差异较小。

表 4-22　有限元模型与振动台模型质量差异

楼层	楼层质量/t		差异/%
	有限元模型	振动台模型	
4	1.78	1.66	7.3
3	2.24	2.09	7.3
2	2.27	2.13	6.4
1	2.27	2.13	6.6
0	2.77	2.68	3.5
−1	1.09	1.06	2.5
−2	1.39	1.35	2.7
总质量	13.82	13.11	5.4

图 4-57—图 4-61 为各水准地震作用下山地掉层隔震有限元模型与振动台模型楼层加速度衰减系数的对比图。

图 4-57—图 4-61 可知,山地掉层隔震有限元模型与振动台模型楼层加速度衰减系数在 8 度多遇地震作用下差异较大,这是振动台试验过程中地震幅值输入过小,振动台台面振动干扰造成的。除 8 度多遇地震外,其他水准地震作用下有限元模型与振动台模型楼层加速度衰减系数规律基本一致,差异较小。

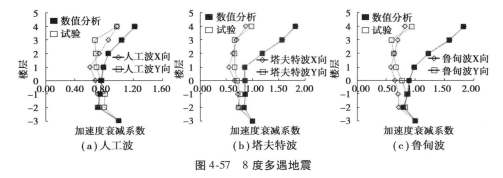

图 4-57　8 度多遇地震

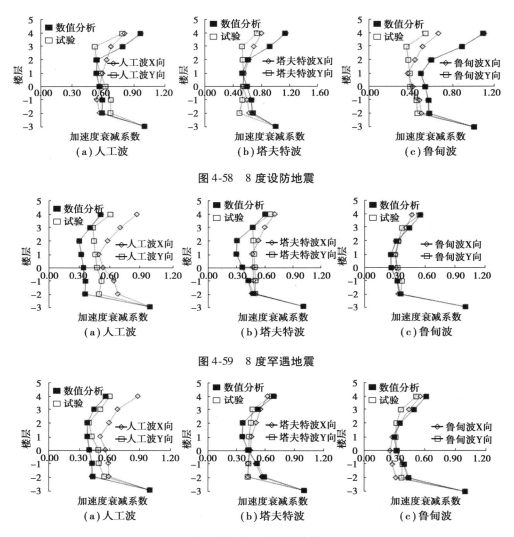

图 4-58 8 度设防地震

图 4-59 8 度罕遇地震

图 4-60 8.5 度罕遇地震

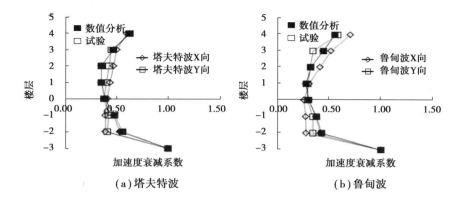

图 4-61　9 度罕遇地震

表 4-23—表 4-26 为各水准地震作用下山地掉层隔震有限元模型与振动台模型上下接地层位移的对比图。

表 4-23　8 度设防地震

支座位置	地震波	数值分析/mm		实测/mm		误差/%	
		X 向	Y 向	X 向	Y 向	X 向	Y 向
下接地层	人工波	5.59	5.23	5.08	4.76	−43.2	−37.9
	塔夫特波	4.93	6.18	4.48	5.62	−33.9	−46.7
	鲁甸波	3.66	4.13	3.99	4.50	−23.8	−31.3
上接地层	人工波	7.06	6.39	6.42	5.81	−49.9	−45.1
	塔夫特波	5.51	5.60	5.01	5.09	−34.6	−36.8
	鲁甸波	4.08	4.52	4.45	4.93	−24.7	−32.1

表 4-24　8 度罕遇地震

支座位置	地震波	数值分析/mm		实测/mm		误差/%	
		X 向	Y 向	X 向	Y 向	X 向	Y 向
下接地层	人工波	7.94	8.00	10.20	8.55	−22.2	−6.4
	塔夫特波	8.14	8.20	9.76	9.13	−16.5	−10.2
	鲁甸波	5.78	5.85	6.29	6.45	−8.1	−9.3

续表

支座位置	地震波	数值分析/mm		实测/mm		误差/%	
		X 向	Y 向	X 向	Y 向	X 向	Y 向
上接地层	人工波	8.41	8.35	11.78	10.13	−28.7	−17.6
	塔夫特波	8.61	8.54	10.98	10.33	−21.7	−17.3
	鲁甸波	6.19	6.17	7.02	7.08	−11.8	−12.8

表 4-25 8.5 度罕遇地震

支座位置	地震波	数值分析/mm		实测/mm		误差/%	
		X 向	Y 向	X 向	Y 向	X 向	Y 向
下接地层	人工波	11.73	11.81	14.14	14.06	−17.0	−16.0
	塔夫特波	10.93	11.00	11.83	12.02	−7.6	−8.5
	鲁甸波	7.06	7.12	7.42	8.46	−4.9	−15.8
上接地层	人工波	12.32	12.24	16.24	13.27	−24.2	−7.7
	塔夫特波	11.47	11.39	13.53	13.40	−15.2	−15.0
	鲁甸波	7.52	7.49	7.92	8.55	−5.1	−12.4

表 4-26 9 度罕遇地震

支座位置	地震波	数值分析/mm		实测/mm		误差/%	
		X 向	Y 向	X 向	Y 向	X 向	Y 向
下接地层	塔夫特波	10.93	11.00	16.49	15.61	−16.4	−11.2
	鲁甸波	7.06	7.12	8.57	9.00	−2.9	−6.8
上接地层	塔夫特波	11.47	11.39	18.75	17.44	−23.2	−17.9
	鲁甸波	7.52	7.49	9.87	10.10	−10.5	−12.9

由表 4-23—表 4-26 可知,除 8 度多遇地震外,其他水准地震作用下有限元模型与振动台模型上、下接地层位移差异较小,误差为 2.9% ~ 28.7% ,振动台

试验实测数据大于有限元分析值。误差主要由以下两点造成：

①振动台模型中各橡胶隔震支座的力学性能参数之间存在差异,而在有限元模型中方便建模,橡胶支座力学性能参数取了平均值;

②振动台模型中上、下接地隔震层位移是对加速度传感器信号二次积分得到的,信号处理过程中存在一定的误差。

4.6　本章小结

本章针对山地掉层隔震和抗震结构模型进行了振动台试验研究,两种结构均经历了 8 度多遇地震、8 度设防地震和 8 度罕遇地震。除此之外,本章对山地掉层隔震结构模型还进行了 8.5 度罕遇地震和 9 度罕遇地震,并与有限元数值分析结果进行对比,结果表明：

①山地掉层隔震结构模型经历了 8 度多遇地震、8 度设防地震、8 度罕遇地震、8.5 度罕遇地震和 9 度罕遇地震后仍保持弹性,达到了"大震不坏"的水准,并且安全储备高,在试验中表现出良好的抗震性能,直接证明包络设计法在进行山地掉层隔震建筑设计中的有效性;山地掉层隔震结构模型的加速度衰减系数小于 1,结构的水平地震作用得到有效衰减,随着地震波输入幅值的增大,减震控制效果越来越好;在地震作用下,隔震结构模型的楼层位移集中发生在隔震层,上部楼层层间变形较小,近似为刚体运动,结构以一阶变形为主;在试验过程中橡胶支座的滞回曲线饱满,表现出良好的耗能能力。

②山地掉层抗震结构模型经历了 8 度多遇地震、8 度设防地震、8 度罕遇地震后梁柱构件出现损伤和破坏,破坏机制表现为柱铰破坏,上接地层的上一层与顶层破坏较为严重,薄弱层由上接地层转移至上接地层的上一层;山地掉层抗震结构模型的加速度衰减系数均大于 1,表现为地震作用放大,顶层加速度放大最大;地震作用下,上接地层以上部分楼层位移逐层放大,与传统建筑楼层位移变化规律变现一致,掉层部分的水平位移较小且随高度变化的规律不明显。

③隔震结构模型上接地层水平剪力与抗震结构模型相比平均降低 72.8%，上接地层柱子所遭受的地震作用大幅度下降，大大提升了上接地层柱和结构的抗震安全性能；山地掉层隔震结构模型上接地层的位移远大于同等条件下的抗震结构模型，位移平均增大率为 66.5%。因此在山地掉层隔震结构设计中应充分重视过大位移带来的隔震构造细节，应预留适当宽度的竖向和水平隔离缝，管线、楼电梯也应当采取相应的避让措施和柔性连接。

④橡胶支座竖向短期极小应力随地震波输入幅值的增大逐渐减小，甚至产生拉应力，位于结构边缘的橡胶支座比较容易产生拉应力，在试验过程中橡胶支座最大拉应力小于 1 MPa，未出现顺坡向和横坡向受拉倾覆失效；橡胶支座竖向短期极大应力随地震波输入幅值的增大逐渐减大，结构边缘处的支座短期极大应力最大，在试验过程中橡胶支座的最大压应力均小于 30 MPa，未出现顺坡向和横坡向受压倾覆失效。通过橡胶支座的竖向拉压应力值直接验证了山地掉层隔震结构倾覆失效机理理论推导的正确性，山地掉层隔震结构顺坡向、横坡向因橡胶支座受拉而倾覆失效的风险高于受压，且山地掉层隔震结构因上接地层橡胶支座受拉而倾覆失效的风险高于下接地层。

⑤振动台试验与原型结构有限元分析所得到的水平向减震系数规律基本一致，证明改进的水平向减震系数计算法在计算山地掉层隔震结构水平向减震系数 β_0 时是有效的。

⑥设防地震和罕遇地震作用下，振动台模型与原型结构有限元模型上、下接地隔震层最大位移差异较小；振动台试验结果与振动台有限元模型的楼层质量、加速度衰减系数上、下接地层位移差异较小。通过对振动台试验与原型结构有限元模型及振动台有限元模型结果进行对比，可知振动台测试技术和有限元分析方法是有效的。

第 5 章　导轨式抗拉橡胶支座开发

5.1　引言

橡胶隔震技术是一种简单有效的减震技术,目前已被广泛用于各种中、低层建筑中,并取得了良好的减震效果。随着相关部门对隔震技术的大力推广,近年来这一技术又被逐步推广应用于高层及超高层建筑中,如昆明天湖景秀棚改项目百米高住宅隔震结构设计。我国现行《建筑抗震设计规范》(GB 50011—2010)明确要求隔震支座不宜出现拉应力,即使出现拉应力也应控制在 1.0 MPa 以下,但高层建筑较大的高宽比导致其在地震作用下的倾覆效应较大,易使隔震支座产生拉应力。然而橡胶隔震支座抗拉能力不强,受拉后内部易形成负压状态,从而产生许多空孔,其竖向受压刚度降低为初期刚度的 1/2 左右,并且在拉应力达到 1.5 ~ 3.0 MPa 时支座抗拉刚度会急剧下降,表现出双线性特征。橡胶隔震支座的受拉问题一直是阻碍隔震技术在高层建筑中应用的主要障碍之一,当高宽比超过限值时可通过附加抗拉装置的方式改善橡胶支座的抗拉性能。

国内外学者为解决橡胶支座地震作用下受拉破坏问题开展了大量研究工作。Griffith 等应用球铰连杆的方式来抵抗地震作用。Nagarajaiah 等提出以弹簧和橡胶支座组合的方式来提高橡胶支座的抗拉性能和复位能力。Kasalanti 等采用施加预应力的方式防止支座受拉破坏。山下忠道等通过在超高层建筑中加入竖向消能减震系统的措施减小橡胶支座的拉应力。祁皑等提出在边支座处添加竖向钢筋构造的措施来提高隔震橡胶支座的受拉安全性。张永山、颜学渊、王焕定等将水平和竖向隔震的子装置进行串联,开发了三类三维隔震抗倾覆支座。苏键等提出了三橡胶支座并联将拉力转换成压力的方式防止支座受拉。祁皑等以隔震层边缘橡胶支座不出现拉应力为界限研究了高层隔震结构的高宽比限值。王栋等提出了具有抗拉功能的铅芯叠层橡胶支座(TLRB)。葛家琪等开发了"门"形抗拉装置。大多数抗拉装置或提高橡胶隔震支座抗拉能力的方式在提高抗拉能力的同时会降低隔震水平性能,导致隔震结构的水平隔震效率降低,并且受偏心受力状态的影响,抗拉刚度和承载能力不稳定,从而限制了其在工程中的应用。

第 4 章的研究结果表明:由于特殊的接地形式,山地掉层隔震结构更容易因上接地层橡胶支座受拉而导致结构倾覆失效,传统基础隔震结构也同样容易因橡胶支座受拉而引起结构倾覆失效。

基于上述原因,本书设计了为橡胶支座提供附加抗拉刚度的导轨式抗拉装置(RTD),提出了一种可用于提高橡胶支座抗拉性能的新型导轨式隔震橡胶支座,并通过拟静力试验研究了 RTD&LNR600(RTD&LNR600 表示 RTD 与天然橡胶支座 LNR600 组合的导轨式抗拉橡胶支座,下同)的水平和竖向力学性能,同时采用数值分析法研究了单 RTD 竖向单轴抗拉力学特性和 RTD&LNR600 的水平拉剪、压剪水平力学性能。

5.2 导轨式抗拉橡胶支座构造

导轨式抗拉橡胶支座是由 RTD 与普通橡胶隔震支座复合而成的。当导轨式抗拉橡胶支座受拉时,拉力主要由 RTD 承担,从而减小了橡胶支座受拉作用,避免了橡胶支座内部橡胶层与钢板之间因受拉而产生负压空孔;当导轨式抗拉橡胶支座受压时,由于抗拉箱内部竖向间隙的调节作用,RTD 不承担压力,压力全部由橡胶支座来承担；当导轨式抗拉橡胶支座水平受剪时，扣件在导轨上自由滑动，从而 RTD 与橡胶支座水平变形协调。RTD 由导轨（4 根）、抗拉箱（4 个）及扣件（8 个）组成，如图 5-1 所示。橡胶支座与 RTD 位于上、下连接板之间，橡胶支座通过螺栓与上、下连接板连接，抗拉箱两端各设置上、下两个扣件，每个扣件与燕尾形导轨嵌套，导轨通过螺栓再与上、下连接板连接。

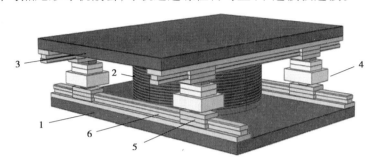

图 5-1　导轨式抗拉橡胶支座构造

1—下连接板；2—橡胶支座；3—上连接板；4—抗拉箱；5—扣件；6—导轨

5.3　力学性能试验

力学性能试验分别对导轨式抗拉橡胶支座 RTD&LNR600 和天然橡胶支座 LNR600 进行了水平压剪、竖向单轴拉伸试验，对比了导轨式抗拉橡胶支座与常规橡胶支座压剪性能和竖向拉伸性能的差异。

5.3.1　试件设计与试验装置

试验中 RTD 采用 Q345 低合金钢制作，试验用橡胶支座为天然橡胶支座 LNR600，由云南震安减震科技股份有限公司提供，导轨式抗拉橡胶支座的主要尺寸如图 5-2 所示，天然橡胶支座 LNR600 参数如表 5-1 所示。

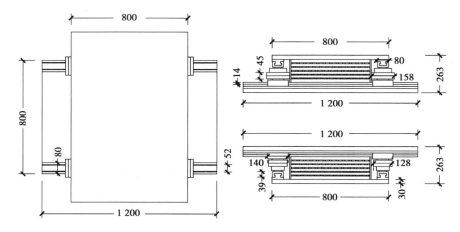

图 5-2 导轨式抗拉橡胶支座主要尺寸(单位:mm)

表 5-1 LNR600 参数

参　数	取　值
支座高度 H/mm	203
单层橡胶层厚度/mm	6.22
橡胶层数 n_1	18
橡胶层总厚度 T_r/mm	112
单层钢板厚度/mm	3
钢板层数 n_2	17
钢板总厚度/mm	51
支座中孔直径 d/mm	100
第一形状系数 S_1	23.44
第二形状系数 S_2	5.35

　　试验在云南省地震局昆明防震减灾技术试验基地压剪试验机上进行,该压剪试验机竖向最大加载 25 000 kN,水平向最大加载 2 500 kN,行程±600 mm,压剪试验机如图 5-3 所示。

图 5-3　压剪试验机

5.3.2　试验方案

试验方案如表 5-2 所示,为考察水平向加载角度对导轨式抗拉橡胶支座力学性能的影响,加载度角分别以 45°和 0°对 RTD&LNR600 进行了水平压剪循环试验,如图 5-4(a)、(b)所示,图 5-4(c)为天然橡胶支座 LNR600 水平压剪试验。T1～T5 所用的 LNR600 为同一橡胶支座。为考察 RTD 对橡胶支座抗拉性能的提高,分别对 LNR600 和 RTD&LNR600 进行了竖向单轴拉伸试验,如图 5-5所示。

表 5-2　试验方案

试验编号	试验对象	加载角度	加载方案
T1	LNR600	—	竖向预加压应力 15 MPa,水平向剪应变 $\gamma=100\%$ 加载,循环 3 次,加载频率 $f=0.02$ Hz
T2	RTD&LNR600	45°	
T3	RTD&LNR600	0°	
T4	LNR600	—	竖向单轴单调拉伸 5.2 mm
T5	RTD&LNR600	—	

（a）RTD&LNR600-45°　　　　　　　　　（b）RTD&LNR600-0°

（c）LNR600

图 5-4　水平压剪试验

（a）LNR600　　　　　　　　　　　（b）RTD&LNR600

图 5-5　竖向拉伸试验

5.3.3　试验结果

在 T1—T3 试验过程中，天然橡胶支座 LNR600 侧向变形均匀，支座侧面未发现侧鼓和气泡；在 T2 和 T3 试验过程中，RTD 与 LNR600 水平变形协调，导轨未发生明显变形，RTD 与 LNR600 未产生损伤的异常响声，T1—T3 的荷载-位移曲线如图 5-6 所示。

由图 5-6 可知，在压剪状态下 RTD&LNR600 与 LNR600 的荷载-位移曲线几乎重合,天然橡胶支座 LNR600 的等效水平刚度为 0.891 kN/mm,加载角度为 45°和 0°时 RTD&LNR600 的等效水平刚度分别为 0.927 kN/mm、0.926 kN/mm,等效水平刚度增大率分别为 4.0%、3.9%,可见 RTD 对橡胶支座的水平性能的影响较小,可以忽略不计。

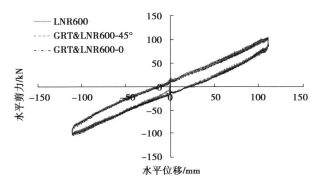

图 5-6　水平压剪荷载-位移曲线

在 T4 和 T5 试验过程中 LNR600 变形均匀,未出现橡胶与钢板脱离现象,也未产生橡胶撕裂的响声,拉伸试验荷载-位移曲线如图 5-7 所示。

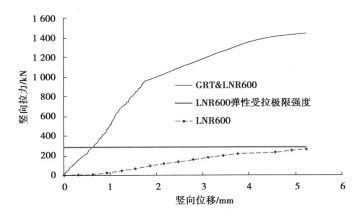

图 5-7　单轴拉伸荷载-位移曲线

从图 5-7 曲线可以看出,在弹性范围内 LNR600 的竖向单轴拉伸的荷载-位移关系近似为线性(图中实线),刚度约为 50 kN/mm,而 RTD&LNR600 的单轴拉伸荷的载-位移关系则呈现双线性关系(图中虚线),弹性刚度约为 529 kN/

mm,屈服力约为 947 kN,抗拉承载力达到 1 199 kN。可见 RTD 大幅度提高了橡胶支座的抗拉强度,改善了橡胶支座的抗拉性能。

5.4　有限元数值模拟

　　有限元是利用数学近似的方法对真实的物理系统进行模拟,是一种快捷、低成本方式分析方法,并且由于国内大多数橡胶支座试验机不具备拉剪功能,橡胶支座的动态拉剪试验极少。ABAQUS 是国际上最先进的大型通用有限元计算分析软件之一,具有强大的计算功能和广泛的模拟性能,对不同种材料、承受复杂荷载及变化的非线性接触问题应用 ABAQUS 都会得到令人满意的结果。本节基于 ABAQUS 分析软件平台分别对 RTD、LNR600 及 RTD&LNR600 进行了精细的有限元分析。

5.4.1　数值模型的建立

　　RTD 和 RTD&LNR600 的尺寸与力学性能试验相同,考虑材料及几何非线性。橡胶支座内层钢板、上下连接板、抗拉装置、扣件及导轨采用 C3D8R 单元模拟,钢材弹性模量取 206GPa,屈服强度取 345 MPa,泊松比取 0.3,橡胶超弹材料采用单轴拉伸实测数据拟合而成的三阶 ogden 模型模拟,$\mu_1 = -889\,520.412$,$\alpha_1 = -1.060\,553\,96$,$\mu_2 = 1\,203.849\,3$,$\alpha_2 = 5.196\,965\,77$,$\mu_3 = 1\,114\,724.66$,$\alpha_3 = -2.419\,717$,单元采用 C3D8H。

　　对 RTD 进行单轴拉伸性能分析时,分三种情况:轴心受拉、单偏心受拉及双偏心受拉,如图 5-8 所示。分析前,在下部轨道底面加固接约束,为方便施加位移荷载,预先在上部轨道顶面中间设置参考点,然后再在参考点上施加位移 15 mm 荷载,轨道与扣件之间设置摩擦接触。根据云南省工程抗震研究所摩擦试验结果,摩擦系数取 0.02。

（a）轴心受拉　　　　　　　（b）单偏心受拉　　　　　　　（c）双偏心受拉

图 5-8　单 RTD 有限元模型

在对 LNR600 和 RTD&LNR600 的水平性能进行分析时，为与试验值进行比较，施加的竖向荷载和水平向位移循环荷载与试验情况一致。在进行压剪、拉剪时，分别在 LNR600 下封板和 RTD&LNR600 下连接板底面加固接约束，再在 LNR600 上封板和 RTD&LNR600 上连接板顶面施加面荷载，最后在顶部的参考点上施加位移荷载，轨道与扣件之间的摩擦系数取 0.02。图 5-9 和图 5-10 分别为 LNR600 和 RTD&LNR600 有限元模型。为考察 RTD&LNR600 等效水平刚度的拉力相关性，对 RTD&LNR600 进行了不同拉应力作用下的拉剪分析，分析工况如表 5-3 所示。

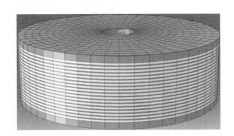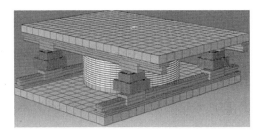

图 5-9　LNR600 有限元模型　　　　　图 5-10　RTD&LNR600 有限元模型

表 5-3　有限元分析表

试验编号	试验对象	输入角度	加载方案
T6	RTD&LNR600	0°	竖向预加拉应力 1.0 MPa、1.5 MPa、2.0 MPa、2.5 MPa、3.5 MPa，水平向剪应变 $\gamma=100\%$ 加载，循环 3 次，加载频率 $f=0.02$ Hz
T7	RTD&LNR600	45°	

5.4.2 数值模拟结果

图 5-11 为单 RTD 轴心受拉、单偏心受拉和双偏心受拉的荷载-位移曲线。由图 5-11 可知,RTD 轴心受拉、单偏心受拉和双偏心受拉时其荷载-位移曲线基本重合,均呈明显双线性(见图中粗线),弹性刚度约为 189.3 kN/mm,屈服后刚度近似为 38.5 kN/mm,屈服力约为 305 kN,因此 RTD 竖向力学性能与偏心状态无关。

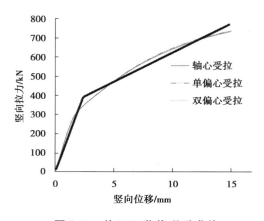

图 5-11 单 RTD 荷载-位移曲线

图 5-12 为 LNR600 和 RTD&LNR600 的水平压剪性能有限元分析结果(文中 * 表示有限元数值分析模型)。由于有限元模型中橡胶未考虑自身材料阻尼,因此模型橡胶支座本身不具备耗能能力,其荷载-位移曲线重合为一条反"S"形曲线。

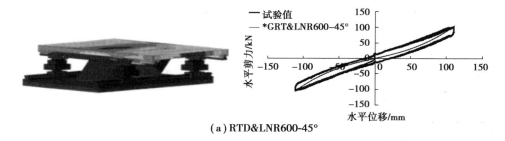

(a) RTD&LNR600-45°

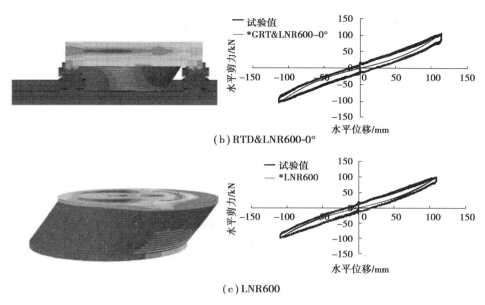

（b）RTD&LNR600-0°

（c）LNR600

图 5-12 水平压剪荷载-位移曲线

与试验值相比，LNR600 与 RTD&LNR600 水平刚度有限元计算值与试验值差异不超过 3.5%，采用有限元数值分析的方法可以准确模拟橡胶支座及导轨式抗拉橡胶支座的力学性能。表 5-4 为等效水平刚度有限元计算与试验实测差异表。由表 5-4 可知，加载角度为 45°、比加载角度为 0° 时等效水平刚度略大，与 T1—T3 试验增大趋势完全吻合。

表 5-4 有限元计算与试验等效水平刚度对比

项　目	LNR600	RTD&LNR600-45°	RTD&LNR600-0°
试验/（kN·mm⁻¹）	0.891	0.927	0.926
有限元/（kN·mm⁻¹）	0.913	0.957	0.945
误差/%	2.5	3.2	2.1

图 5-13 为 LNR600 和 RTD&LNR600 在水平拉剪和压剪状态下经有限元计算得到的荷载-位移曲线（图中 C15 MPa 表示压应力 15 MPa，T1.0 MPa 表示拉应力 1.0 MPa）。从曲线可知，RTD&LNR600 在拉剪、压剪状态与 LNR600 压剪

状态下荷载-位移曲线非常平滑,并且几乎重合,因此在拉剪、压剪状态下
RTD&LNR600 的水平力学性能稳定,与 LNR600 的水平力学性能非常接近。

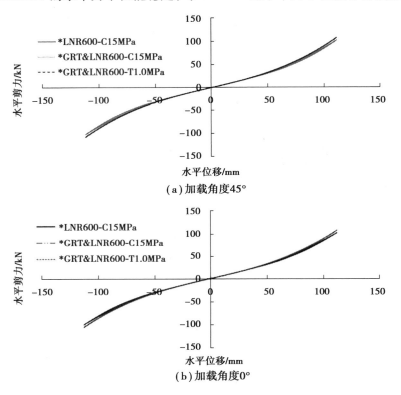

图 5-13　有限元模型荷载-位移曲线

图 5-14 为不同拉应力作用下 RTD&LNR600 有限元模型拉剪荷载-位移曲
线,由曲线可知,RTD&LNR600 在不同拉应力作用、不同加载角度下其荷载-位
移曲线均非常平滑,并且完全重合,可见 RTD&LNR600 的水平性能拉应力相关
性不明显。

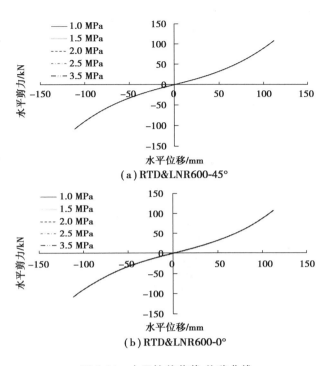

图 5-14　水平拉剪荷载-位移曲线

5.5　工程实例

为验证 RTD 抗拉装置的有效性,本节基于 Etabs2016 有限元分析平台,建立了两个高宽比为 4 的剪力墙隔震结构有限元模型,其中模型 M0 表示未采用 RTD 抗拉装置的原始模型,RTD&M 则表示采用了抗拉装置的模型,对两模型分别进行了三向地震动非线性时程分析。

5.5.1　工程概况与模型

两个有限元模型上部结构为一栋 18 层的钢筋混凝土剪力墙结构,建筑高度 58 m,高宽比 4.0,抗震设防烈度为 8 度(0.2g),场地类别Ⅱ类,地震分组第三组,特征周期为 0.45 s。模型 1 层混凝土等级 C40,墙厚 300 mm,2 层混凝土等级 C40,墙厚 250 mm,3—18 层混凝土等级 C30,墙厚 200 ~ 250 mm,三维有限元模型如图 5-15 所示。

图 5-15　隔震结构三维有限元模型

隔震层橡胶支座和 RTD 布置如图 5-16 所示,共使用橡胶支座 26 个。为研究 RTD 抗拉性能,设计了两模型进行有限元分析,RTD 力学性能参数如表 5-5 所示,橡胶支座型号及力学性能参数如表 5-6 所示。

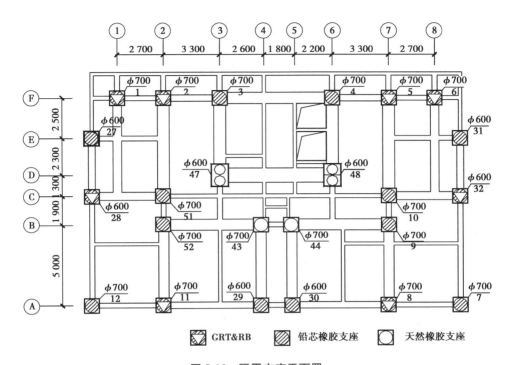

图 5-16　隔震支座平面置

表 5-5　RTD 力学性能参数

参　数	受　拉	受　压
屈服前刚度/(kN·mm^{-1})	757.2	
屈服后刚度/(kN·mm^{-1})	154	0
屈服力/kN	1220	

由于橡胶支座竖向拉压刚度不一致,因此橡胶支座竖向力学模型采用 Rubber Isolator 单元和 Gap 单元并联模拟,如图 5-17 所示。RTD 的竖向力学行为可采用多段塑性单元进行模拟,多段塑性单元设置如图 5-18 所示,导轨式橡胶支座竖向力学模型则由用 Rubber Isolator 单元、Gap 单元和多段塑性单元并联模拟,如图 5-19 所示。

表 5-6　橡胶隔震支座力学性能参数

支座型号	竖向刚度/ (kN·mm⁻¹)	等效水平刚度/ (kN·mm⁻¹)	屈服前刚度/ (kN·mm⁻¹)	屈服后刚度/ (kN·mm⁻¹)	屈服力/ kN
LNR600	24 00	0.96	—	—	—
LRB600	2 800	1.58	13.11	1.01	63
LNR700	2 800	1.17	—	—	—
LRB700	3 200	1.87	15.19	1.17	90

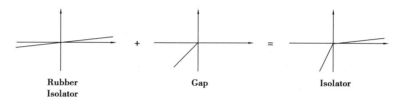

图 5-17　橡胶支座竖向力学模型

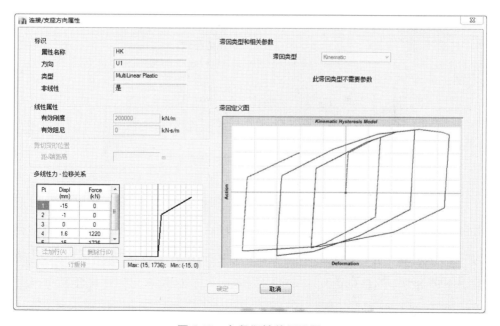

图 5-18　多段塑性单元设置

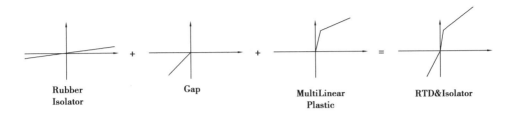

Rubber Gap MultiLinear RTD&Isolator
Isolator   Plastic

图 5-19　导轨式橡胶支座竖向力学模型

5.5.2　地震动选择

选用 1989 年 10 月 7 日发生在美国北加利福尼亚的 Loma Prieta 地震中在 Bear Valley 5 号站台采集到的三向地震动强震记录作为输入地震动。主方向地震动拟加速度反应谱进行拟合,如图 5-20、图 5-21 所示,峰值加速度调整至 400 cm/s^2(8 度罕遇地震),对结构进行三向地震动分析时以下工况对峰值加速度进行调整,地震工况如表 5-7 所示。

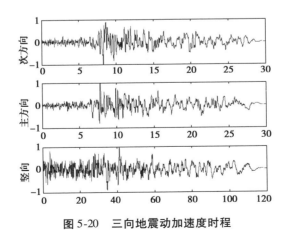

图 5-20　三向地震动加速度时程

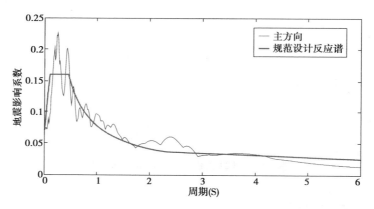

图 5-21　主方向加速度反应谱

表 5-7　地震工况

工况	X 向	Y 向	Z 向
X 工况	1(主方向)	0.85(次方向)	0.65(竖向)
Y 工况	0.85(次方向)	1(主方向)	0.65(竖向)

采用直接积分法进行非线性时程分析,分别对两隔震模型进行三向地震动有限元分析。

5.5.3　分析结果

在 8 度罕遇地震作用下,两模型的第一平动周期均为 3.147 s,两模型楼层水平加速度衰减系数几乎重合,衰减系数最大值为 0.45,水平减震效果明显,楼层水平加速度在 X、Y 向工况下均呈现底部、顶部楼层加速度大而中间小的现象;两模型的楼层竖向加速度呈现沿楼层逐渐放大,且顶层加速度放大值达到最大值 1.10,可见采用隔震技术楼层竖向隔震效果差,两模型楼层竖向加速度衰减系数几乎完全重合,可见设置 RTD 后对楼层竖向加速度影响极小,如图 5-22 所示。因此 RTD 的应用不影响水平和竖向隔震效果。

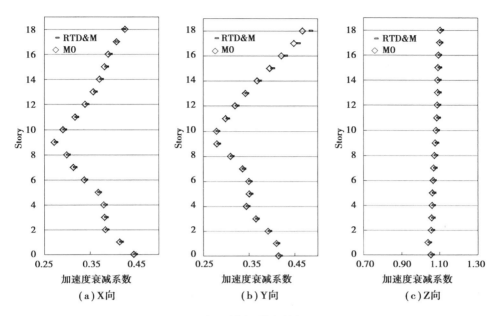

注:0 层表示隔震层

图 5-22　楼层加速度衰减系数

图 5-23 为两模型罕遇地震下橡胶支座短期极小面压分布图。由图 5-23 可知,RTD 的应用改善了橡胶支座罕遇地震作用下竖向受力状态,显著降低橡胶支座的拉应力水平,使得大高宽比隔震建筑的拉应力降低至 1 MPa 以内,满足《建筑抗震设计规范要求》(GB 50011—2010)。

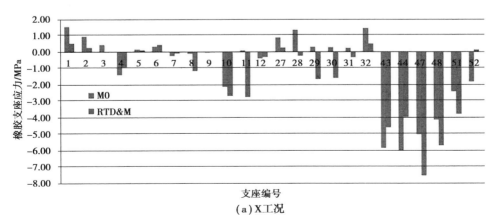

(a)X工况

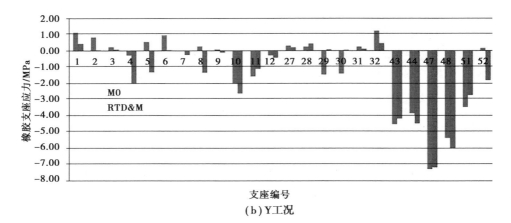

支座编号

（b）Y工况

注：正号表示受拉，负号表示受压

图5-23　支座罕遇地震下短期极小面压

图5-24 为两模型在罕遇地震作用下 1 号橡胶支座荷载-时程曲线。当橡胶隔震支座受压时，RTD 处于失效状态，压应力由橡胶支座全部承担；当橡胶隔震支座受拉时，RTD 启动，与橡胶支座共同抵抗拉力。由图 5-24 可知，RTD 在受拉时显著降低了橡胶支座承担的拉力，对橡胶支座受压状态影响很小。

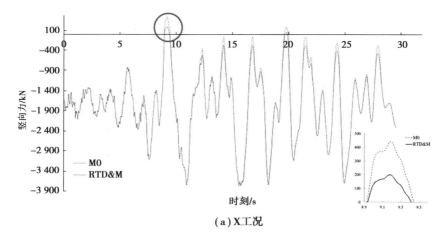

（a）X工况

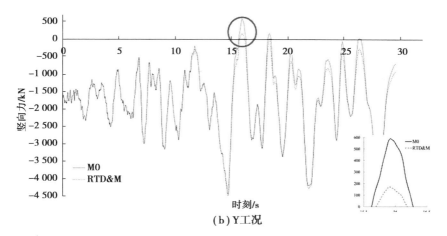

图 5-24 1 号支座荷载-时程曲线

罕遇地震作用下,RTD&M 模型 RTD 最大拉力 1 231 kN,基本处于弹性状态,可见 RTD 在罕遇地震作用下仍处于安全状态,图 5-25 为 54 号 RTD 荷载-位移曲线。

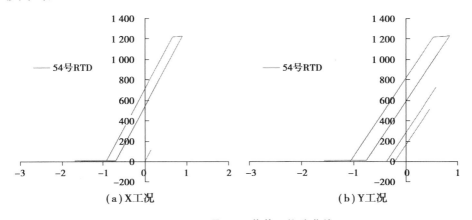

图 5-25 54 号 RTD 荷载—位移曲线

5.6 本章小结

本章针对传统隔震橡胶支座在抗拉性能方面存在的不足,设计了一种为橡胶支座提供附加抗拉刚度的 RTD,提出了可用于隔震建筑抗倾覆能力的新型导轨式抗拉橡胶支座。分别对 LNR600 和 RTD&LNR600 进行的水平压剪试验和竖向单轴拉伸试验,基于 ABAQUS 有限元分析平台,分析了不同偏心状态下单 RTD 竖向单轴拉伸力学性能,并对 LNR600 和 RTD&LNR600 压剪和拉剪水平性进行了有限元数值分析,得出以下结论:

①导轨式抗拉橡胶支座比同规格的橡胶支座的等效水平刚度略大,但不超过 4% ,可忽略 RTD 对橡胶支座水平性能的影响,在隔震设计时导轨式抗拉橡胶支座的水平力学性能可直接采用同规格橡胶支座的水平力学性能。

②在竖向弹性拉伸范围内,天然橡胶支座的竖向单轴拉伸荷载-位移关系近似为线性,而导轨式抗拉橡胶支座竖向单轴拉伸加载的荷载-位移关系近似为双线性,且导轨式抗拉橡胶支座较同规格的橡胶支座抗拉刚度和抗拉承载力大幅度提高;单 RTD 的竖向抗拉力学性能与偏心受力状态无关,其荷载-位移关系呈明显的双线性,其拉伸力学性能可用双线性模型进行描述。

③导轨式抗拉橡胶支座水平压剪、拉剪性能稳定,且水平性能与拉应力相关性不明显,隔震设计时,导轨式抗拉橡胶支座的竖向性能可用橡胶单元、缝单元和多段塑性单元并联模拟。

④导轨式抗拉橡胶支座占用建筑空间小,在提高橡胶支座的抗拉性能的同时不影响橡胶支座的水平性能,可广泛应用于高宽比超限的隔震结构,有利于隔震技术在高层结构的应用与推广。在工程算例中,RTD 的使用显著降低了橡胶支座的拉应力水平,将罕遇地震下橡胶支座拉应力控制在 1 MPa 以内,对提高隔震建筑的抗倾覆能力效果明显。

第6章 结 论

6.1 全书总结

本书结合山地建筑与隔震技术的优点提出山地掉层隔震建筑,旨在提高山区建筑的抗震能力,缓解当前土地资源紧张的现状。全书首先根据隔震技术的特殊要求,结合传统山地建筑形式,将山地隔震建筑划分为斜板式、掉层式、吊脚式及层间式4种结构形式;接着以山地掉层隔震结构为研究对象,针对山地掉层隔震结构倾覆失效问题开展了理论研究;然后设计制作了山地掉层隔震结构振动台模型并进行了振动台试验;最后为提高山地掉层隔震结构抗倾覆能力提出了一种抗拉能力强的导轨式抗拉橡胶支座。本书开展了如下三方面的工作,得到了以下主要研究成果。

①分析了基础隔震与山地掉层隔震结构在水平地震和结构自重共同作用下隔震层竖向拉、压力的分布规律;引入橡胶支座竖向拉压刚度不一致的条件,分别对基础隔震和山地掉层隔震结构的倾覆失效机理进行了理论研究,得到如下结论:

a.按刚体考虑,基础隔震结构上部结构对隔震层竖向拉力和压力分布规律影响很小,在研究基础隔震结构倾覆失效问题时,上部结构可按刚体考虑;橡胶支座竖向拉压刚度不一致对隔震层竖向压力的分部规律影响不大,但对隔震层竖向拉力的分布规律影响非常大,在研究基础隔震结构倾覆失效机理时应计入橡胶支座竖向拉压刚度不一致的影响。山地掉层隔震结构与基础隔震结构具有同样的规律。

b. 在水平地震和结构自重共同作用下,山地掉层隔震结构上、下接地隔震层绕转动中心发生微小转动,转动中心将上接地、下接地隔震层划分为受拉区和受压区,受拉区和受压区长度之和与结构总宽度相等;隔震层橡胶支座的竖向拉应力和压应力分布规律与掉层部分的宽度及高度无关,竖向应力分布斜率在掉层处不发生改变,仅仅位置发生上下错动,橡胶支座竖向受力在掉层处连续。

c. 假定隔震结构(基础隔震和山地掉层隔震结构)上部结构质量分布均匀,且上部结构为刚体,不考虑竖向地震作用的影响,引入橡胶支座竖向拉压刚度不一致的条件,以橡胶支座受拉或受压达到极限承载力为结构倾覆失效的临界条件,对基础隔震和山地掉层隔震结构的倾覆失效机理进行了研究,推导得到了基础隔震结构修正的高宽比限值计算公式和山地掉层隔震结构顺坡向、横坡向的高宽比(名义高宽比)限值计算公式。

②针对传统分部设计法的缺陷展开研究,提出了适用于山地掉层隔震结构设计的包络设计法,采用包络设计法对振动台试验原型结构进行了设计,并对山地掉层隔震结构进行了罕遇地震作用下动力弹塑性时程分析,根据原型结构按相似比1∶10制作了山地掉层隔震振动台试验模型,并对结构模型进行了一系列振动台试验。研究过程中得到以下结论:

a. 在8度罕遇地震作用下采用动力弹塑性时程法对山地掉层隔震原型结构进行分析,结果表明结构的抗震性能目标可达到"大震不坏"的性能目标,初步证明了采用包络设计法在对山地掉层隔震结构进行设计时是可行、有效的。

b. 山地掉层隔震结构模型在经历了8度多遇、8度设防、8度罕遇、8.5度罕遇和9度罕遇地震作用后仍保持弹性,而山地掉层抗震结构模型在经历了8度设防地震作用后构件就产生损伤,在经历了8度罕遇地震后破坏严重,破坏机制表现为柱铰破坏,在抗震结构模型中上接地层上一层与顶层破坏较为严重,薄弱层由上接地层转移至上接地层的上一层。相比较而言,山地掉层隔震结构模型的抗震性能更高,甚至达到了"大震不坏"的性能水准,并且安全储备高,直接证明了包络设计法的有效性,且振动台试验结果得到的改进的水平向减震系数结果与有限元分析结果规律基本一致,直接证明了改进的水平向减震系数计算方法的正确性。

c. 在振动台试验过程中,山地掉层隔震结构模型的楼层加速度衰减系数小于1,结构的水平地震作用得到有效衰减,随着地震波输入幅值的增大,减震控制效果越来越好;在地震作用下,山地掉层隔震结构模型的楼层位移集中发生在隔震层,而结构自身层间相对变形较小,近似为刚体运动,结构以一阶变形为主;在试验过程中橡胶支座的滞回曲线饱满,表现出良好的耗能能力;而山地掉层抗震结构模型的加速度衰减系数均大于1,表现为地震作用放大,顶层加速度放到最大;在地震作用下山地掉层抗震结构模型的上接地层以上部分楼层位移逐层放大,与传统建筑楼层位移变化规律变现一致,而掉层部分的楼层位移较小且随高度的变化不明显。

d. 在振动台试验过程中,山地掉层隔震结构模型上接地层柱子所遭受的地震作用较山地掉层抗震结构模型大幅度下降,而山地掉层隔震结构模型上接地层的位移远大于同等条件下的抗震结构,在山地掉层隔震结构设计中应充分重视隔震层位移过大而带来的隔震构造细节问题,应预留适当宽度的竖向和水平隔离缝,穿越隔震层的管线、楼电梯及坡道也应当采取相应的避让措施和柔性连接。

e. 在振动台试验中,橡胶支座竖向短期极小应力随地震波输入幅值的增大逐渐减小,甚至产生拉应力,且位于模型边缘的橡胶支座更容易产生拉应力,但橡胶支座的最大拉应力小于1 MPa,未出现顺坡向和横坡向受拉倾覆失效,而橡胶支座竖向短期极大应力随地震波输入幅值的增大逐渐减大,模型边缘处的支座短期极大应力最大,但橡胶支座的最大压应力小于30 MPa,未出现顺坡向和横坡向受压倾覆失效,直接验证了山地掉层隔震结构倾覆失效机理理论推导的正确性,且试验结果表明山地掉层隔震结构顺坡向、横坡向因橡胶支座受拉而倾覆失效的风险高于受压。

f. 振动台试验与原型结构有限元模型及振动台有限元模型分析结果进行对比,结果表明:振动台试验与有限元模型结果的差异较小,证明振动台试验测试技术和有限元分析方法是有效的。

③提出了抗拉能力强的导轨式抗拉橡胶支座,分别对普通橡胶支座和导轨式抗拉橡胶支座进行了水平和竖向拟静力试验研究,并借助 ABAQUS 有限元分析平台对导轨式抗拉橡胶支座进行了数值有限元模拟。研究过程中得到以下结论:

a. 与同规格的橡胶支座相比,导轨式抗拉橡胶支座在大幅度提高抗拉性能的同时不影响橡胶支座的水平性能,可直接采用同规格橡胶支座水平力学性能进行隔震设计。

b. 在橡胶支座弹性拉伸范围内,天然橡胶支座的竖向单轴拉伸加载的荷载-位移关系近似为线性,而导轨式抗拉橡胶支座竖向单轴拉伸加载的荷载-位移关系近似为双线性。

c. 导轨式抗拉橡胶支座的水平压剪、拉剪性能稳定,且水平性能与拉应力无明显相关性,其竖向性能可用橡胶单元、缝单元和多段塑性单元并联模拟。

d. 导轨式抗拉橡胶支座占用建筑空间小,提高橡胶支座的抗拉性能的同时不影响橡胶支座的水平性能,可广泛应用于高宽比超限的隔震结构。在工程实例中,导轨式抗拉橡胶支座对提高隔震建筑的抗抗倾覆能力效果明显。

6.2 本书创新点

本书针对山地掉层隔震结构倾覆失效机理展开研究,旨在提出一整套控制山地掉层隔震结构倾覆失效的方法和措施,用于正确评估山地掉层隔震建筑的方案和指导山地掉层隔震结构设计,本书的创新点如下:

①在山地掉层隔震结构倾覆失效机理的研究中,引入橡胶支座竖向拉压刚度不一致的影响,以支座受拉或受压达到其极限承载力为隔震结构倾覆失效临界条件,推导得出基础隔震结构修正的高宽比限值计算公式和山地掉层隔震结构顺坡向、横坡向高宽比(名义高宽比)限值计算公式。

②针对传统隔震结构分部设计法的缺陷展开研究,提出了适用于山地掉层隔震结构的改进的水平向减震系数计算方法和包络设计方法,应用该方法设计了振动台试验结构原型,根据试验原型按相似比 1∶10 制作山地掉层隔震结构模型,并进行了振动台试验,得到了山地掉层隔震结构模型在地震作用下的动力响应,直接证明了山地掉层隔震结构抗震性能高,也直接验证了包络设计法的有效性和山地掉层隔震结构顺坡向、横坡向高宽比(名义高宽比)限值计算公式的正确性。

③针对传统橡胶支座在抗拉性能方面存在的不足,提出了一种导轨式抗拉橡胶支座,对导轨式抗拉橡胶支座进行了水平、竖向拟静力试验,并借助 ABAQUS 平台对导轨式抗拉橡胶支座进行了有限元数值模拟,在拟静力试验和数值分析的基础上提出了适用于工程应用的导轨式抗拉橡胶支座竖向本构关系,并通过工程实例验证了其有效性。

6.3　需进一步研究的内容

面对我国土地资源的利用现状,设计山地建筑便成为解决土地矛盾问题的有效途径之一。同时我国又是一个地震灾害多发的国家,山地建筑属于天生不规则,抗震性能比较差,在历次地震中山区建筑的震害比较严重,采用隔震技术对山地建筑进行改良是一个行之有效的方法。然而山地隔震建筑的形式多样,每种形式都存在很多新的问题,因此还需要深入研究。本书仅对山地掉层隔震结构的倾覆失效机理进行了研究,获得了一些研究成果,但仍有大量问题需要深入探讨和研究,比如:

①在推导基础隔震结构修正的高宽比限值计算公式和山地掉层隔震结构顺坡向、横坡向高宽比（名义高宽比）限值计算公式时,仅考虑了水平地震作用对橡胶支座的拉压应力影响,下一步在对山地掉层隔震结构倾覆失效理论推导时应考虑竖向地震作用的影响,提出更精确的高宽比限值理论计算公式。

②在进行山地掉层隔震结构模型振动台试验设计时,为了方便设计和施工,未考虑边坡和结构的相互影响,将坡台简化为岩质稳定边坡,承台用 C30 混凝土浇筑而成,在后续山地掉层隔震结构与边坡相互作用的研究工作中应考虑其他类型边坡的影响,承台可采用土箱或者其他代替材料制作。

③在导轨式抗拉橡胶支座力学性能测试时,由于国内大型试验设备大多不具备拉剪功能,所以在导轨式抗拉橡胶支座力学性能试验中未能进行拉剪性能测试,仅采用 ABAQUS 对拉剪性能进行了数值有限元分析。因此导轨式抗拉橡胶支座在拉剪状态下的性能未得到实际试验的验证,在后续的研究工作中应考虑改进试验设备,补充导轨式抗拉橡胶支座拉剪力学性能试验,实际测试导轨式抗拉橡胶支座的拉剪力学性能。

参考文献

［1］周福霖.工程结构减震控制［M］.北京：地震出版社,1997.

［2］吴珍汉,张作辰.汶川 8 级地震地质灾害的类型及实例［J］.地质学报,
2008,82(12):1747-1757.

［3］周云,张超,邓雪松.由汶川地震反思我国防震减灾能力建设［A］//防振减
灾工程理论与实践新进展(纪念汶川地震一周年)——第四届全国防震减
灾工程学术研讨会会议论文集,2009:16-24.

［4］王海云.2010 年 4 月 14 日玉树 Ms7.1 地震加速度场预测［J］.地球物理学
报,2010,53(10):2345-2354.

［5］王连捷,王薇,崔军文,等.青海玉树 MS7.1 级地震发震应力场与非稳定发
震机理的模拟［J］.地球物理学报,2011,54(11):2779-2787

［6］裴向军,黄润秋."4·20"芦山地震地质灾害特征分析［J］.成都理工大学学
报(自然科学版),2013,40(3):257-263.

［7］BROOKSHIRE D S,CHANG S E,COCHRANE H,et al. Direct and indirect
economic losses from earthquake damage［J］. Earthquake Spectra, 1997, 13
(4):683-701.

［8］FREEMAN J R. Earthquake damage and earthquake insurance［M］. New York：
McGraw-Hill Book Co. ,1932.

［9］MAYES R. Base isolation：Advanced earthquake technology that could reduce
building damage［J］. Reeves Journal Plumbing Heating Cooling, 1997, 77

（2）:48.

[10] VILLAVERDE R. Roof isolation system to reduce the seismic response of buildings:A preliminary assessment[J]. Earthquake Spectra,1998,14(3): 521-532.

[11] 党育,杜永峰,李慧. 基础隔震结构设计及施工指南[M]. 北京:中国水利水电出版社,2007.

[12] 刘阳. 高层隔震结构地震响应及损伤评估研究[D]. 上海:上海大学,2014.

[13] BROWNING J. Book reviews:Design of seismic isolated structures:From theory to practice[J]. Journal of Structural Engineering,1999,125(10):1208-1209.

[14] KOMODROMOS P,Stiemer S F. Seismic isolation for earthquake resistant structures[J]. Applied Mechanics Reviews,2001,54(6):B112-B113.

[15] DU D,WANG S,LIU W,et al. Design method and its application in hybrid base-isolation of high-rise buildings[J]. Journal of Southeast University,2010, 40(5):1039-1046.

[16] SUN Z,LIU W. Direct displacement-based design method for seismic isolation structures with rubber bearings [J]. Journal of Nanjing University of Technology,2011,33(5):13-18.

[17] ZHOU Y,XU T,HE M. Study of design method for base-isolation structures based on energy theory[J]. Earthquake Engineering & Engineering Vibration, 2000,3:016.

[18] FULLER K N G,LIM C L,LOO S,et al. Design and Testing of High Damping Rubber Earthquake Bearings for Retrofit Project in Armenia[M]//Balassanian S, Cisternas A, Melkumyan M. Earthquake Hazard and Seismic Risk Reduction. Dordrecht:Springer,2000:379-385.

[19] 苏经宇,曾德民,田杰. 隔震建筑概论[M]. 北京:冶金工业出版社,2012.

[20] 陈红艳,李思文. 芦山医院门诊楼震后完好无损 专家解析隔震技术 [N].

新快报,2013-04-25.

[21] 周云,吴从晓,张崇凌,等.芦山县人民医院门诊综合楼隔震结构分析与设计[J].建筑结构,2013,43(24):23-27.

[22] ÇELEBI M. Successful performance of a base-isolated hospital building during the 17 January 1994 Northridge earthquake[J]. The Structural Design of Tall Buildings,1996,5(2):95-109.

[23] NAGARAJAIAH S,SUN X H. Response of base-isolated USC hospital building in northridge earthquake[J]. Journal of Structural Engineering,2000,126(10):1177-1186.

[24] ÇELEBI M. Response of olive view hospital to northridge and Whittier earthquakes[J]. Journal of Structural Engineering,1997,123(4):389-396.

[25] FUJITA T. Demonstration of effectiveness of seismic isolation in the Hanshin-Awaji earthquake and progress of applications of base-isolated buildings[J]. Incede Report,1999,15:197-216.

[26] 党育.复杂隔震结构的分析与软件实现[D].武汉:武汉理工大学,2011.

[27] 曲哲,中泽俊幸.建筑隔震技术在日本的发展与应用[J].城市与减灾,2016(5):56-63.

[28] 张龙飞,陶忠.隔震技术在云南某办公楼加固工程中的应用与分析[J].建筑结构,2016,46(5):24-28.

[29] 王丽萍.山地建筑结构设计地震动输入与侧向刚度控制方法[D].重庆:重庆大学,2010.

[30] 张龙飞,叶燎原,潘文.山地建筑抗震防灾技术:坡地不等高隔震的分析与研究[C]//第二届山地城镇可持续发展专家论坛论文集,2013:506-513.

[31] 单志伟.掉层建筑结构的抗震性能研究[D].重庆:重庆大学,2008.

[32] 杨实君.吊脚式山地建筑结构抗震性能分析[D].重庆:重庆大学,2008.

[33] 何岭.掉层结构层刚度计算方法及弹塑性抗震性能研究[D].重庆:重庆大

学,2010.

[34] 赵耀.掉层结构动力特性及整体抗倾覆分析[D].重庆:重庆大学,2011.

[35] 蒋代波.山区多层接地消能建筑框架结构的抗震性能研究[D].重庆:重庆大学,2012.

[36] 伍云天,林雪斌,李英民,等.山地城市掉层框架结构抗地震倒塌能力研究[J].建筑结构学报,2014,35(10):82-89.

[37] 陈淼.典型山地 RC 框架结构强震破坏模式及易损性分析[D].重庆:重庆大学,2015.

[38] 凌玲.典型山地 RC 框架结构强震破坏模式与易损性分析[D].重庆:重庆大学,2016.

[39] 唐显波.典型山地 RC 框架结构的地震损伤机理[D].重庆:重庆大学,2015.

[40] 王旭.山地掉层 RC 框架结构强震破坏失效模式分析[D].重庆:重庆大学,2016.

[41] 李果.山地消能减震掉层框架结构的易损性分析[D].重庆:重庆大学,2016.

[42] LIN J H, WILLIAMS F W. An introduction to seismic isolation [J]. Engineering Structures,1995,17(3):233-234.

[43] SKINNER R I, ROBINSON W H, McVerry G H. An introduction to seismic isolation[M]. Chichester:Wiley,1993.

[44] SEIGENTHALER R. Earthquake-proof Building Supporting Structure with Shock Absorbing Damping Elements[J]. Schweizerische Bauzeitung,20.

[45] NAEIM F,KELLY J M. Design of Seismic Isolated Structures[M]. Chichester:Wiley,1999.

[46] ROBINSON W H,TUCKER A G. A lead-rubber shear damper[J]. Bulletin of the New Zealand Society for Earthquake Engineering,1977,10(3):151-153.

［47］LINDLEY P B. Natural rubber structural bearings［J］. Joint Sealing and Bearing System for Concrete Structures,1981,1(2):353-378.

［48］ROBINSON W H. Lead-rubber hysteretic bearings suitable for protecting structures during earthquakes［J］. Earthquake Engineering & Structural Dynamics,1982,10(4):593-604.

［49］ROBINSON W H,TUCKER A G. Test results for lead-rubber bearings for Wm. Clayton Building,Toe Toe Bridge and Waiotukupuna Bridge［J］. Bulletin of the New Zealand Society for Earthquake Engineering,1981,14(1):21-33.

［50］DERHAM C J,KELLY J M. Combined earthquake protection and vibration isolation of structures［J］. Natural Rubber Technology,1985,16:3-11.

［51］MEGGET L M. Analysis and design of a base-isolated reinforced concrete frame building［J］. Bulletin of the New Zealand Society for Earthquake Engineering,1978,11(4):245-254.

［52］西敏夫.日本の免震用積層ゴムの技術につて［C］.日本の免震用積層ゴムの技術につて.中日橡胶技术交流会论文集,2003:4-5.

［53］Kelly J M. Base isolation:Origins and development［J］. EERC News,1991,12(1).

［54］社团法人,日本隔震结构协会.被动减震结构设计・施工手册(原著第二版)［M］.蒋通,译.北京:中国建筑工业出版社,2008.

［55］椿 英,日下 哲,荒木 為.免震建築紹介 シティタワー西梅田［J］. Menshin,2006,(53):6-9.

［56］柳澤 信,日下 哲.150mクラスの超高層免震集合住宅の構造設計 :ザ・千里タワー(特集 免震建築物の設計力 UP)(事例に学ぶ免震設計)［J］.建築技術,2013,:95-97.

［57］中澤,昭伸,小泉,浅井,伸之. City Tower Kobe Sannomiya［J］. Menshin,2013,(81):3-7.

[58] 李立.隔震技术必将发展[C]//中国地震学会第三次全国地震科学学术讨论会论文摘要汇编,1986:142-143.

[59] 唐家祥,李黎,李英杰,等.叠层橡胶基础隔震房屋结构设计与研究[J].建筑结构学报,1996,17(2):37-47.

[60] 刘文光,庄学真,周福霖,等.中国铅芯夹层橡胶隔震支座各种相关性能及长期性能研究[J].地震工程与工程振动,2002,22(1):114-120.

[61] 魏德敏,康锦霞,韩海崴.基础隔震高层建筑地震响应的理论分析[J].地震工程与工程振动,2003,23(1):140-144.

[62] 祁皑,林云腾,郑国琛.层间隔震结构工作机理研究[J].地震工程与工程振动,2006,26(4):239-243.

[63] 黄襄云.层间隔震减震结构的理论分析和振动台试验研究[D].西安:西安建筑科技大学,2008.

[64] 唐怀忠,盛宏玉.层间隔震结构的随机振动响应分析[J].安徽建筑工业学院学报(自然科学版),2006,14(4):14-18.

[65] 周福霖,张颖,谭平.层间隔震体系的理论研究[J].土木工程学报,2009,42(8):1-8.

[66] 殷伟希,谭平,周福霖,等.近场地震动下偏心结构的减震控制研究[J].震灾防御技术,2010,5(2):199-207.

[67] 王焕定,付伟庆,刘文光,等.规则隔震结构等效简化模型的研究[J].工程力学,2006,23(8):138-143.

[68] 孙柏锋.隔震结构设计方法研究[D].昆明:昆明理工大学,2007.

[69] 孙柏锋,潘文.多层隔震结构两阶段设计法[J].世界地震工程,2008,24(3):150-153.

[70] 程华群,刘伟庆,王曙光.高层隔震建筑设计中隔震支座受拉问题分析[J].地震工程与工程振动,2007,27(4):163-168.

[71] 曾聪.昆明新机场航站楼关键减隔震技术之上柔下刚结构隔震效能研究

[D].昆明:昆明理工大学,2008.

[72] 曾聪,吴斌,陶忠,等.昆明新国际机场主航站楼 A 区隔震效能分析[J].土木工程学报,2012,(S1):182-186.

[73] 张新影.昆明新机场航站楼关键减隔震技术之复合隔震结构设计研究[D].昆明:昆明理工大学,2008.

[74] 杜永峰,朱前坤.高层隔震建筑风振响应研究[J].工程抗震与加固改造,2008,30(6):64-68.

[75] 熊伟.高层隔震建筑设计的若干问题研究[D].武汉:华中科技大学,2008.

[76] 何文福,刘文光,张颖,等.高层隔震结构地震反应振动台试验分析[J].振动与冲击,2008,27(8):97-101.

[77] 修明慧,谭平,滕晓飞.隔震结构直接设计法研究[J].华南地震,2017,37(2):92-99.

[78] 周兆静.山区倾斜基岩上土:隔震框架结构相互作用研究[D].重庆:重庆大学,2012.

[79] 杨佑发,刘泳伶,凌玲.山区多层接地隔震框架结构的抗震性能研究[J].土木工程学报,2014,47(S1):11-16.

[80] 杨佑发,刘泳伶,凌玲.近场地震动作用下山地隔震框架结构抗震性能[J].铁道工程学报,2014,31(5):6-11.

[81] 阮云坤,徐晶天,张龙飞.澜沧达保希望小学隔震设计与应用[J].云南建筑,2015(2):60-64.

[82] 李宏男,王苏岩,贾俊辉.采用基础摩擦隔震房屋高宽比限值的研究[J].地震工程与工程振动,1997,17(3):73-76.

[83] LI H N, WU X X. Limitations of height-to-width ratio for base-isolated buildings under earthquake[J]. The Structural Design of Tall and Special Buildings,2006,15(3):277-287.

[84] 李宏男,吴香香.橡胶垫隔震支座结构高宽比限值研究[J].建筑结构学

报,2003,24(2):14-19.

[85] 吴香香,孙丽,李宏男.竖向地震动对隔震结构高宽比限值的影响分析[J].沈阳建筑工程学院学报(自然科学版),2002,18(2):81-84.

[86] 吴香香,李宏男.竖向地震动对基础隔震结构高宽比限值的影响[J].同济大学学报(自然科学版),2004,32(1):10-14.

[87] HE W F,LIU W G,YANG Q R,et al. Study on dynamic response of large and small aspect ratio isolated buildings[J]. The Structural Design of Tall and Special Buildings,2014,23(17):1329-1344.

[88] 付伟庆,刘文光,魏路顺.大高宽比隔震结构模型水平向振动台试验[J].沈阳建筑大学学报(自然科学版),2005,21(4):320-324.

[89] 刘文光,何文福,霍达,等.大高宽比隔震结构双向输入振动台试验及数值分析[J].北京工业大学学报,2007,33(6):597-602.

[90] 王铁英,王焕定,刘文光,等.大高宽比橡胶垫隔震结构振动台试验研究(1)[J].哈尔滨工业大学学报,2006,38(12):2060-2064.

[91] WANG T Y,WANG H D,LIU W G,et al. On large height-width ratio rubber bearings isolation structure[J]. Journal of Harbin Institute of Technology,2006,38(12):2060-2064.

[92] WANG T Y,WANG H D,LIU W G,et al. Shaking table test study on large height-width ratio rubber bearings isolation structure(2)[J]. Journal of Harbin Institute of Technology,2007,39(2):196-200.

[93] 祁皑,范宏伟.基于结构设计的基础隔震结构高宽比限值的研究[J].土木工程学报,2007,40(4):13-20.

[94] 祁皑,商昊江.高层基础隔震结构高宽比限值分析[J].振动与冲击,2011,30(11):272-280.

[95] 祁皑,徐翔,范宏伟.高层隔震结构高宽比限值研究[J].建筑结构,2013,43(6):50-53.

[96] 杨树标,马裕超,原朵仙.复合隔震结构高宽比限值研究[J].世界地震工程,2010,26(4):163-166.

[97] 王栋,吕西林,刘中坡.不同高宽比基础隔震高层结构振动台试验研究及对比分析[J].振动与冲击,2015,34(16):109-118.

[98] HINO J,YOSHITOMI S,TSUJI M,et al. Bound of aspect ratio of base-isolated buildings considering nonlinear tensile behavior of rubber bearing [J]. Structural Engineering and Mechanics,2008,30(3):351-368.

[99] MIYAMA T,MASUDA K. Shaking table tests on base-isolated buildings having high aspect ratios:The tensile force on the rubber bearing and the subsequent setting vibration [J]. Journal of Structural and Construction Engineering (Transactions of AIJ),2003,68(573):61-68.

[100] RYAN K L,CHOPRA A K. Estimating seismic demands for isolation bearings with building overturning effects[J]. Journal of Structural Engineering,2006, 132(7):1118-1128.

[101] XU H. Analysing Factors Influencing Anti-Overturning Reliability of Isolation Structure[J]. Journal of Huaqiao University,2005,26(2):156-160.

[102] WANG M Y,ZHEN W,SHI J B,et al. Research on Anti-overturning Performance of Fundamental Isolation Cushion [J]. Journal of Anhui University of Science & Technology(Natural Science),2015,(2):008.

[103] 中华人民共和国住房和城乡建设部,国家质量监督检验检疫总局.建筑抗震设计规范:GB 50011—2010[S].北京:中国建筑工业出版社,2010.

[104] 罗佳润,马玉宏,沈朝勇,等.隔震设计中橡胶隔震支座拉压刚度取值的研究[J].地震工程与工程振动,2013,33(5):232-240.

[105] 日本建筑学会.隔震结构设计[M].刘文光,译.北京:地震出版社,2006.

[106] 吴任鹏,王曙光,刘伟庆,等.考虑橡胶支座拉压刚度不同取值对隔震效果的影响研究[J].工程抗震与加固改造,2008,30(5):24-28.

[107] 日本免震构造协会. 图解隔震结构入门[M]. 叶列平,译. 北京:科学出版社,1998.

[108] 龙彬. 掉层结构设计中的若干问题研究[D]. 重庆:重庆大学,2010.

[109] 赵瑞仙. 掉层结构的非线性抗震性能分析[D]. 重庆:重庆大学,2011.

[110] 赵炜. 掉层框架结构强震破坏模式研究[D]. 重庆:重庆大学,2012.

[111] 赖永余. 带接地拉梁掉层框架结构抗震性能拟静力试验研究[D]. 重庆:重庆大学,2016.

[112] 杨伯韬. 典型山地掉层框架结构抗震性能拟静力试验研究[D]. 重庆:重庆大学,2014.

[113] 周颖,吕西林. 建筑结构振动台模型试验方法与技术[M]. 北京:科学出版社,2012.

[114] KELLY J M, HODDER S B. Experimental study of lead and elastomeric dampers for base isolation systems[J]. Nasa Sti/recon Technical Report N, 1981,15.

[115] TAKAOKA E, TAKENAKA Y, NIMURA A. Shaking table test and analysis method on ultimate behavior of slender base-isolated structure supported by laminated rubber bearings [J]. Earthquake Engineering & Structural Dynamics,2011,40(5):551-570.

[116] 吕西林,朱玉华,施卫星,等. 组合基础隔震房屋模型振动台试验研究[J]. 土木工程学报,2001,34(2):43-49.

[117] 朱玉华,吕西林,杜芳,等. 组合隔震系统滑动支座的滑移系数研究[J]. 结构工程师,2001,17(2):34-40.

[118] 朱玉华,吕西林,施卫星,等. 铅芯橡胶基础隔震房屋模型地震反应分析[J]. 振动工程学报,2003,16(2):256-260.

[119] 黄襄云,周福霖,金建敏,等. 多层隔震与非隔震框剪结构振动台对比试验研究[J]. 建筑结构,2007,37(8):55-58.

[120] JIN J M, Tan P, ZHOU F L, et al. Shaking table test study on mid-story isolation structures[J]. Advanced Materials Research, 2012, 446/447/448/449:378-381.

[121] 刘阳,刘文光,何文福,等. 复杂博物馆隔震结构地震模拟振动台试验研究[J]. 振动与冲击,2014,33(4):107-112.

[122] 胥玉祥,朱玉华,卢文胜. 云南省博物馆新馆隔震结构模拟地震振动台试验研究[J]. 建筑结构学报,2011,32(10):39-47.

[123] 王斌. 村镇建筑简易隔震技术理论与试验研究[D]. 广州:广州大学,2013.

[124] 苏何先,潘文,白羽,等. 隔震异形柱框架结构振动台试验研究[J]. 建筑结构学报,2016,37(12):65-73.

[125] 赖正聪,潘文,白羽,等. 基础隔震在高烈度区大高宽比剪力墙结构中的应用与试验研究[J]. 建筑结构学报,2017,38(9):62-73.

[126] 唐家祥. 我国第一个隔震建筑的设计规范[J]. 建筑结构,2002,32(1):67-70.

[127] 北京金土木软件技术有限公司,中国建筑标准设计研究院. ETABS 中文版使用指南[M]. 北京:中国建筑工业出版社,2004.

[128] 北京金土木软件技术有限公司,中国建筑标准设计研究院. SAP2000 中文版使用指南[M]. 2 版. 北京:人民交通出版社,2012.

[129] 北京金土木软件技术有限公司. Pushover 分析在建筑工程抗震设计中的应用[M]. 北京:中国建筑工业出版社,2010.

[130] 刘璐,周颖. 高层隔震结构振动台试验模型设计的几个特殊问题[J]. 结构工程师,2015,31(4):108-113.

[131] 全国橡胶与橡胶制品标准化技术委员会橡胶杂品分技术委员会,广州大学工程抗震研究中心. 橡胶支座国家标准理解与实施[M]. 北京:中国标准出版社,2009.

［132］冀昆,温瑞智,崔建文,等.鲁甸 Ms6.5 级地震强震动记录及震害分析
　　　［J］.震灾防御技术,2014,9(3):325-339.

［133］曲哲,师骁.汶川地震和鲁甸地震的脉冲型地震动比较研究［J］.工程力
　　　学,2016,33(8):150-157.

［134］张龙飞,陶忠,潘文,等.隔震层的滤波效应分析［J］.地震研究,2014,37
　　　(2):298-303.

［135］ZHOU F L. Recent Development,Application and Earthquake's Experiences
　　　on Seismic Isolation,Energy Dissipation&Control For Building Structures in
　　　China ［ C ］//. Recent Development, Application and Earthquake's
　　　Experiences on Seismic Isolation,Energy Dissipation&Control For Building
　　　Structures in China.中日建筑结构技术交流会,南京.南京,2014:3-12.

［136］罗强军,谈燕,郭明星,等.昆明天湖景秀棚改项目百米高住宅隔震结构
　　　设计［J］.建筑结构,2016,46(11):33-38.

［137］GRIFITH M C,AIKEN I D,KELLY J M. Displacement control and uplift
　　　restraint for base-isolated structures［J］. Journal of Structural Engineering,
　　　1990,116(4):1135-1148.

［138］NAGARAJAIAH S,REINHORN A M,CONSTANTINOU M C. Experimental
　　　study of sliding isolated structures with uplift restraint ［ J ］. Journal of
　　　Structural Engineering,1992,118(6):1666-1682.

［139］KASALANATI A,CONSTANTINOU M C. Testing and modeling of prestressed
　　　isolators［J］. Journal of Structural Engineering,2005,131(6):857-866.

［140］山下忠道,大木洋司,犬伏徹志,川端淳,二宮正行,齋藤光広.21102 超高
　　　層免震建物に生じる引抜き力の低減に関する研究:その 1 解析モデル
　　　の概要ならびに引抜き力の検証(免震解析,構造 II)［J］.学術講演梗概
　　　集 B-2,構造 II,振動,原子力プラント,2010,2010:203-204.

［141］祁皓,林云腾.添加钢筋提高隔震结构高宽比限值的研究［J］.地震工程

与工程振动,2005,25(1):120-125.

[142] YAN X, ZHANG Y, WANG H, et al. Experimental study on high-rise structure with three-dimensional base isolation and overturn resistance devices [J]. Journal of Building Structures,2009,30(4):1-8.

[143] YAN X Y, ZHANG Y S, WANG H D, et al. Experimental study on mechanical properties of three kinds of three-dimensional base isolation and overturn-resistance devices[J]. Journal of Vibration & Shock,2009,28(10):49-53.

[144] YAN X Y, ZHANG Y S, WANG H D, et al. Shaking table test for the structure with three-dimensional base isolation and overturn resistance devives [J]. Engineering Mechanics,2010,27(5):91-96.

[145] ZHANG Y S, YAN X Y, WANG H D, et al. Experimental study on mechanical properties of three-dimensional base isolation and overturn resistance device[J]. Engineering Mechanics,2009,26(1):121-126.

[146] 张永山,颜学渊,王焕定,等. 三维隔震抗倾覆支座力学性能试验研究 [J]. 工程力学,2009,26(S1):124-129.

[147] 苏键,温留汉·黑沙,周福霖. 新型叠层橡胶隔震支座抗拉机构研究[J]. 工业建筑,2010,40(12):43-46.

[148] LU X L,WANG D,WANG S S. Investigation of the seismic response of high-rise buildings supported on tension-resistant elastomeric isolation bearings [J]. Earthquake Engineering & Structural Dynamics, 2016, 45 (13): 2207-2228.

[149] 王栋,吕西林. 具有抗拉功能的隔震支座力学性能试验研究[J]. 建筑结构学报,2015,36(9):124-132.

[150] 葛家琪,张玲,张国军,等. 成都博物馆基础隔震结构隔震层抗拉性能设计研究[J]. 建筑结构学报,2016,37(11):16-23.